石川浩司のお宝コレクション

懐かしの空き缶大図鑑

石川浩司

はじめに

僕は昔、「たま」というちょっとヘンテコなバンドを組んでいた。

まだアマチュアだった昭和60（１９８５）年ごろ、バンドで西日本にツアーに行った。布製のリュックサックに太鼓を入れて担ぎ、そのころ発売されたばかりの「青春18きっぷ」を使って各駅停車を乗り継ぎ、いろいろな街をエッチラオッチラ演奏して回っていたのだ。

和歌山に行ったとき、初めておりた駅から歩き出し、ひょいと自動販売機に目をやると、見たことがない缶ジュースが売られていた。

カケフオレンジドリンク。

当時、阪神タイガースの選手だった掛布雅之さんがキャラクターになって、ボールに見立てたオレンジをポーンと打っている図柄であった。

「こんなの、東京じゃ売ってない。関西ならではだなあ……」

気軽に買ったその1本の缶ジュースが、後の僕の人生にかかわるなんて思いもよらなかった。

僕はゴミに縁がある。

そもそもパーカッションを始めたのも、当時住んでいた高円寺のアパートの近くのゴミ捨て場に落ちていた太鼓を拾ったからだ。

そんなゴミから始まったバンドのツアーで、僕は「飲み終わった空き缶はゴミ箱へ」の表示を無

視して、本来はゴミであるべきその空き缶を持ち帰った。これが空き缶コレクション。略して「缶コレ」の始まりなのだ。

そのころ、僕の部屋は、雑多な表現活動をしている輩《やから》の溜まり場だった。帰京して、アパートにたむろする連中にその「カケフオレンジドリンク」を見せたところ、「へぇ~、こんなのこっちには売ってないね」「阪神ファンだったら絶対に欲しいよな」との高評価を得て、僕はなんとなく珍しい缶ジュースを集めてみたら面白いかも、と思ったのだ。

最初はデザインが変わっているものや、なんとなく珍しい味のドリンクだけを買っていた。

ところが、この「珍しい」という定義は実にあいまいなものなのだ。どこにでもあるおなじみの缶ドリンクでも、地方であまり流行っていなさそうな商店に入ると、数年前のものなのか微妙にロゴデザインが違うものに出会ったりする。そう、大手のメーカーの同じ缶でも年によって少しずつデザインが変化しているのだ。

これは、今はよく見る缶でも、10年も経てば「そういえば昔はこういうデザインだったなぁ」と、つまりは珍品になることを表していた。

結局、「缶ドリンク、見たことないやつは全部買う」というドエライことを僕は決めてしまった。まさに、ゴミによって翻弄される人生を選んでしまったのだ。

さてさて、これから人生の半分以上をかけて集めた約3万缶の「缶コレ」の中から、僕の独断で分類した珍品を紹介していくよ~ん。

お楽しみに!

これが缶コレの掟だ！

およそ3万缶の空き缶。どれ一つをとっても思い入れのある缶ばかり……とまではいえないけれど、僕の缶コレには毅然としたこだわりがある。

その1　自分で飲んだもの

僕のコレクションの最も重要で強いこだわりは「自分で飲んだもの」。なぜなら、単に集めようと思えば、空き缶でもなんでもオークションで落としてしまえばいい。でも、それだと結局、お金がある人がいちばん集められることになる。僕は、それは面白くないと思った。

内容物が自分の体内を通り、僕の体の一部となった、その容器だけを集める——。

これすなわち、「僕という肉体を作ったものコレクション」でもあるのだ。

34年間、自分の体を張った収集。これはいくらお金を使ってもできることではない。おバカでなおかつシツコイ性格の僕の特性を生かしたコレクションといってもよかろう。

まあ、そんな人体実験のおかげで、人よりだいぶ大きく育ってしまったのだけれど。

その2　できるだけ自分の足で探す

パソコンなども普及していなかったコレクション開始当時はともかく、現在はインターネットで新製品の情報などはいくらでも手に入る。ぶっちゃけ、なんなら通販してもらえば、そのほとんどは容易に手に入れることができるのだ。

しかし、僕がいちばんうれしい瞬間は、街で偶然まだ知らない缶を発見したとき。缶ドリンクのシリーズ缶をコンプリートするよりも、地方の路地にある自動販売機（自販機）や古ぼけたスーパーマーケットなどで、「なんじゃこりゃあぁぁっ！」と、知らない缶を見つけることがなによりの快感なのである。

その3　中身が同じでも缶のデザインが違えば別もの

ちなみに、中身が同じでも缶のデザインが違えば別の種類として集めている。逆にいえば好きな味のドリンクがあっても、同じデザインのものは基本として二度と飲めないのだ。万一、間違って飲んだとしても、それはゴミ箱行き。

僕が好きなのは、ローカルな中小メーカーのオッさんが、デザイナーも使わず自分で描いちゃったようなあか抜けないデザインのもの。そして、変なネーミングや変わった組み合わせの味、その地方にしかないような味のものだ。

だからこの本でも、そんな僕のこだわりで空き缶を分類して紹介する。

その4　旅は身軽と心得よ

最後に、缶コレに臨む心構えを紹介しよう。

僕はミュージシャンという仕事がら、ツアーで地方を回ることも多い。

その際、ソロのときはギターの弾き語り、バンドのときはパーカッションという二刀流でやっているが、ギターはなるべく現地調達する。僕はギターの音色にこだわるより一期一会の生音を楽しみたいほうだし、ピアノ弾きが毎回ピアノをうんとこしょ

缶コレの掟

っと背負ってツアーをしているわけではないのなら、ピアノと同じようにギターも借りてしまえばいいではないかという考えだ。パーカッションは桶や鍋などを再利用した手づくりのガラクタパーカッションなので借りることはできないが、組み立て式で小さくなるので宅配便で会場から会場へとホーイと送ってしまう。

実は、こうすることには別の大切な理由がある。読者はもうお気づきだろう。身軽であれば、行く先々をさまよい歩く発見の旅ができるのだ。

なので、「駅まで車で迎えにいきますよ！」と主催者さんなどに言われても、会場が徒歩圏内の場合はお断りすることも多い。徒歩じゃないと、あまたある自販機や見つけものがありそうな商店、スーパーマーケットなどに気軽に立ち寄れないからだ。

そんなわけで、街中でキョロキョロと自販機があるごとに立ち止まって、眼光鋭く缶ドリンクをにらみつけるように眺めている僕を見つけたとしても、決して決して不審者とは思わないでほしい。

それは、ライフワークを遂行しているアドベンチャラーの勇姿なのだから。

もくじ

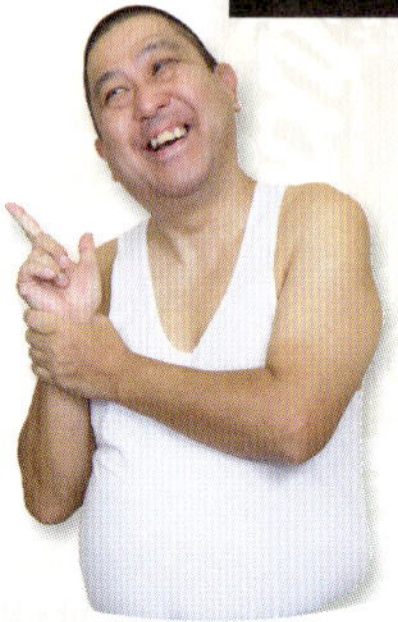

SANGARIA
おはよ～

GOLD ENERGY
ZASHIKIBUTA

第8章
海の外から運んだぜ〜
所変われば品変わる。缶ドリンクで世界をぐるっとひと回り 131

特別鼎談「空き缶はタイムマシン！」……147
〜缶コレの現在、過去、未来〜
町田忍（庶民文化研究家）×石川浩司×清水りょうこ（清涼飲料水評論家）

おわりに……156

【お願い】読者の皆さまへ

1、本書に掲載した缶ドリンクは、すべて石川氏個人の所有物のため、現在は販売終了になったもの、パッケージが変更になっているものもあります。

2、本書に掲載した製造販売元（株式会社、有限会社などは省略）は、石川氏所有の缶ドリンクに記載された社名です。したがって、現在は社名変更・解散している会社もあります。

3、空き缶を掲載するにあたって、製造販売元・版権所有者から許諾を得ておりますが、会社解散などの理由で、連絡先不明の場合はこの限りではありません。

以上のことから、本書に掲載した製造販売元等へのお問い合わせはくれぐれもご遠慮いただきますようお願い申し上げます。

編集・構成／狭間由恵
撮影／永田まさお
装丁・本文デザイン／鹿嶋貴彦

第1章

これはいったいどんな味？

デザインが斬新！　そんな組み合わせなんてありえなーい

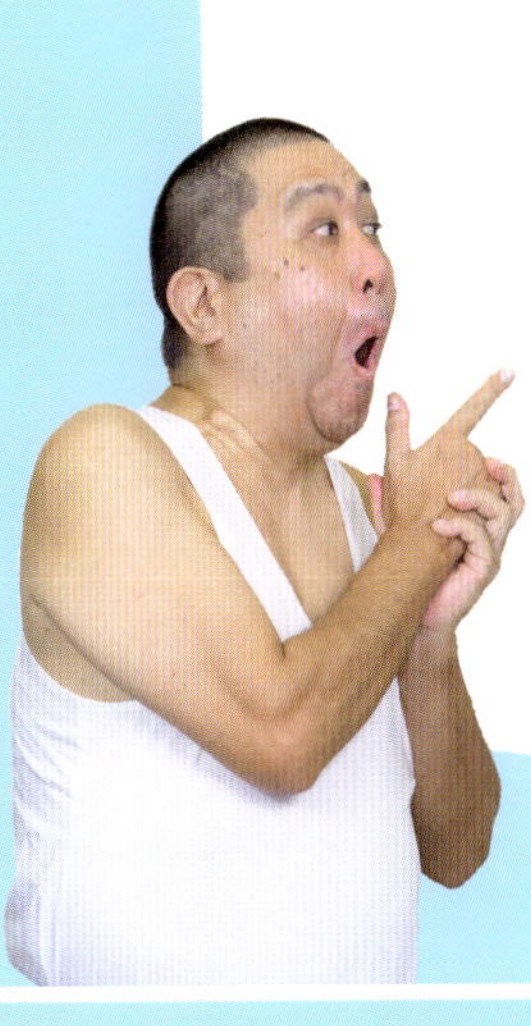

第1章

これは いったい どんな味？

ふっておいしいカルピスゼリー
アサヒ飲料

ウィズユー スイカソーダ2 クリームソーダタイプ
麒麟麦酒

ウィズユー スイカソーダ
麒麟麦酒

まずスイカのソーダジュースを販売。その後、担当者のスイカ愛は止まらず、クリームソーダタイプにして続編の「2」を出した。が、「3」は出なかった……？

カカオソーダ シュワップ
明治製菓

シュワッチ！……それはウルトラマン

ヨーグルッペ ライトソーダ
南日本酪農協同

飲むっぺ！

アイスクリームソーダ
ポッカコーポレーション

甘党にはたまらない味

プリン・シェイク
ポッカコーポレーション

普通はシェイクするとお母さんに怒られるけど、特別だよ

カルピスポンチ
カルピス食品工業

最近、ポンチって見なくなったなぁ

烏龍珈琲
森永製菓

烏龍茶とコーヒーのミックス。実験的精神が旺盛だぞ

バイオ茶
南日本酪農協同

シーティー　ストレート
カゴメ

香りを嗅いで「おっ、コーヒーだな」と飲んでみたら、「ゲッ、紅茶じゃないか！」のドッキリ飲料!?

ブレインパワー
チェリオジャパン

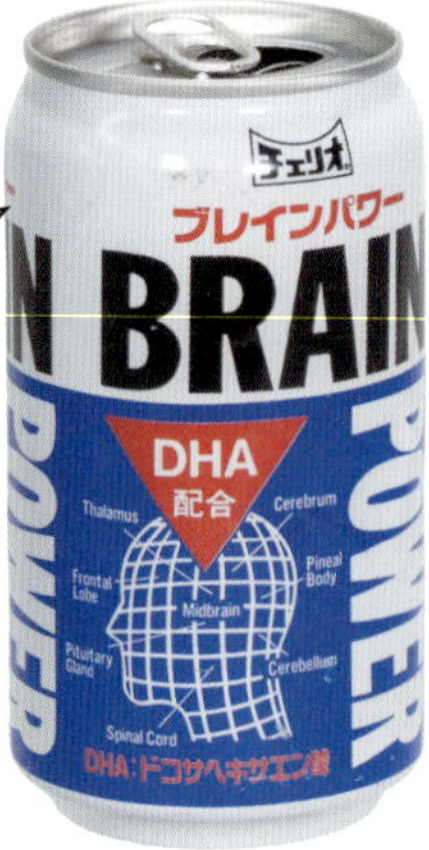

本当に頭に効くのなら、この商品はまだ世の中に残っているはず……？

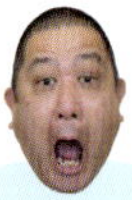

人生は初体験の連続

僕は迷っていた。人間として数十年生きてきて。ここで一介の人間としての枠組みをこえ、もっと大きな生物としての個を持つのか、持たぬのか。

しかし、目の前の笑顔のデザインを見て僕は決断した。人間としての領域を踏み出そうと。踏み出してしまおうと。

そこにあったのはペット専用牛乳「ワンミー」（15ページ参照）。そう、犬が飲む牛乳である。

カシュッ。

犬がプルタブを開けられるのかどうかは疑問だが、僕の指は

ワンミー
日本ペットドリンク

「自分が飲んだものだけコレクション」という自分がつくった鉄のルールにより、がんばって飲んだペット専用牛乳

チーズCドリンク グリーンアップル
資生堂

口の中にとろけるチーズがトロ～リ……というわけではありません

鈴木くん
ヱスビー食品

「佐藤くん」という商品もありました。「石川くん」もつくってほしかったな

ヨーグルトきのこから作ったケフィア
日本サンガリアベバレッジカンパニー

「ヨーグルトきのこ」も「ケフィア」もよく知りませんが健康によさそう

それを難なく開けた。

コクッコクッコクッ。

一気に喉に流し込み嚥下する。味は無味無臭の牛乳であった。そしてこの瞬間、僕はケモノとしての第一歩を踏み出したのである。

コレクションは人間という生物すらこえていく。それでこそ真のコレクターである（本当か？）

考えてみれば、人生は初体験の連続だ。いやいや、今あなたの頭に浮かんでるピンク色の初体験だけが初体験ではない。

例えば「初めての立ち食いそば」「初めてのライブハウス」「初めての夜行バス」などなど。その一つとして、「初めて飲んだ

すいか
鐘紡

イカススイカ!?

オロブランコドリンク
愛媛県青果農業協同組合連合会

なぜ通称のスイーティを使わずにオロブランコを使ったかは謎

ゴーヤードライ
ヘリオス酒造

ビールにゴーヤーを入れて苦味マシマシ

肉専用ペールエール
ヘリオス酒造

もしかして牛に飲ますビールかも？

レッドビート　ガラナスカッシュ
ポッカコーポレーション

赤いガラナでビートを刻もう！

ことのないドリンクを飲む」という行為もある。

僕は本来、食い物にしてもそんなにチャレンジャーなほうではない。立ち食いそば屋であまたのメニューがあっても、頼むのはたいていコロッケそばか、もしくはかき揚げそばだ。この2つの繰り返しだけで毎日1食はいける、そういう安上がりなタイプだ。

しかしコレクションとなると、そうはいっていられない。とにかく「知らない缶ドリンクは全部飲む」と決心してしまったのだから。

「初めての缶ドリンク」といっても、実はワクワクドキドキする正体の知れないものばかりで

ビートニック ジャマイカン・ジンジャー
サントリー

しょうがないなあ。あ、しょうがあるのか

らーめんビール　柚子
ウィスク・イー

ビールの中にラーメンが入っているわけではない。ラーメンに合うビールをつくったということ。そしてこれなんと、日本製ではなくデンマーク製の輸入缶なのです！

栗
森永製菓

栗のジュースは意外と珍しい。
イガは入ってないから安心よ～

オリーブ茶
日本パナユーズ

奥様！　便秘解消に
いいんですってよ～

さるなしドリンク
軽米町産業開発

「さるなし」は別名ベビー
キウイまたはコクワ

はない。よ～く知っているものなのに、意外な取り合わせのマリアージュもある。

　このコレクションを始めたばかりのころ、僕はマジメに「コーヒー」とか「コーラ」とか「ウーロン茶」とか、種類別にプラスチックのケースに選別して、よいしょよいしょと入れておいた。

　ところが、そこに突如、難問が降りかかった。

　そう。「コーヒーコーラ」や「烏龍珈琲」（14ページ参照）という缶ドリンクが見つかってしまったのだ！

　「デザインが同じものは1種類しかコレクションしない」という掟の僕は困惑した。まさか2つを「ほおりゃ、これでどうじ

宮
チェリオ中部

この缶の秘密はエッセイの21ページに！

ジャバラ
国分

「たま」に『ジャバラの夜』という曲がある。「北海道アルバイトニュース」という僕らが出たテレビコマーシャルに使われた曲なので、北海道の人たちにのみ知られた曲だったな

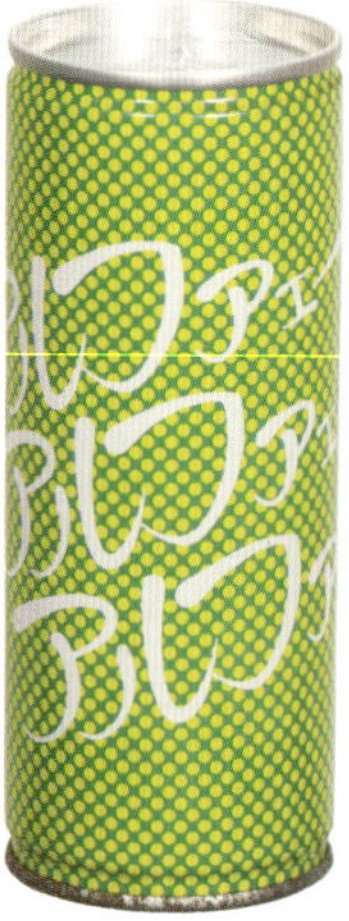

アルファエー
アイスターグループ エバエース

マメ科植物のアルファルファを使った珍しいドリンク

忍者食
伊藤園

昔、忍者がみなこれを携帯していた。ウソ

ゃい！」と、やおらバキバキ怪力で引きちぎってコーヒーとコーラのケースにハァハァと別々に入れるわけにもいかない。

さらにさらに、缶を見ても「はて、これは何のドリンクなのだ？」と一発ではわからないものもときどきある。

果実系ジュースならみずみずしい果物が描かれていたり、スポーツドリンクはマラソンしてる絵だったり、コーヒーはなぜか髭のオッサンが描かれてたり、たいていは見た目でおおよそなんのドリンクだかすぐにわかるものがほとんどなのだが、まれにデザインが斬新すぎて、もしくはネーミングが微妙すぎて、数秒見てもなんなら数分見

ザップ
レック

お酢のドリンク。酸っぱかったなぁ

芭蕉ウーロン茶
こばやし

芭蕉がこれを携帯していた。なんてウソ

バンブー
サッポロビール

椰《や》子《し》の実のサイダー
宝酒造

ココナッツジュースは台湾などではポピュラーだが日本では珍しい

ても、なに味のどんなドリンクかわからないものがある。

その代表格の一つが、「バンブー」（上記参照）という缶。スーパーのお酒缶のコーナーを見ているときに突如、目に飛び込んできたのが漫画の吹き出しのようなバンブーの文字。

「バンブー。た、竹!?」

慌てて手に取ってみるが、バンブーという刺激的な文字の割に、デザインは竹とはなんの関係もないような抽象画。そして、ビアカクテルということはわかったが、別に竹の味ということでも竹の成分が入ってるわけでもない。

これ、バンブーじゃなくても「アジャパー!」でも「シェー

飲む寒天
宝酒造

飲む寒天　とうがらし
宝酒造

なぜとうがらしを入れた？

冬蟲夏草《とうちゅうかそう》
ニッチク

冬虫夏草、実際見たらギョッ！とする

信州川上村　飲むレタス
ビーシーエフ

野菜が高騰しているときは福音だぁ～

ッ！」でもよかった気がする。まさに「これはいったいどんな味？」缶だ。

でもこういうの、実は大好きなんだよね～。

どんな味か、見ただけではわからない。見ても意味がよくわからない、逆にいえば無限にイメージが広がるシュールなデザイン。こんな缶たちは、僕のコレクション心をすごくコチョコチョとくすぐるのだ。

僕の歌でも、こういう変な風景が見えるような歌詞がときどき出てくるので親和性があるのかもしれないな。

そして、実は最近、衝撃の事実を知った。それはチェリオパ

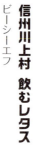

かきドリンク
木本商会

柿ジュースって意外とない。僕は岐阜周辺でしか見たことがなかったなぁ

美的なゼリー
伊藤園

アロエベラウーロン茶 平成
當山工業商事

年号が昭和から平成になったときにすぐ発売されたもの。その平成も終了だね

黄金ごま入ヘルシードリンク
マルマサファミリー商事

沖縄の健康ドリンク

ワー「宮」（18ページ参照）だ。

これも自動販売機で見つけた当初、全然意味がわからなかった。なんか神社の力でも入れているイメージで、パワースポット的に「宮」とネーミングしたのかと思っていた。

ところが、このエッセイを書くにあたり、インターネットでちょっと検索してみると……なんとこれは宮本武蔵のことで、この缶の他に「本」「武」「蔵」があり、４本集めると宮本武蔵になることが判明した！

特殊な球を7つ集めると願いが叶うという『ドラゴンボール』の世界だったのだ！

グヌヌ……チェリオパワー「宮」「本」「武」「蔵」はそこそ

六堡人蔘茶《ろっぽにんじんちゃ》
アサヒビール

中国で飲まれてるお茶

うるおいのざくろ
日本サンガリアベバレッジカンパニー

子どものころ、庭にザクロの木があったなー

キウイドリンク
愛媛県青果農業協同組合連合会

ミルク金時
カネボウ食品

鈴木ヨネさんに感謝して飲もうね

またたび茶
白川園本舗

ネコちゃん大集合！

こ昔の缶ドリンクだから、もう決して二度とは手に入らぬ……。いや、空き缶ならどこかにあるかもしれないが、僕のルールは「自分で飲んだもののみコレクション」なのでそれはダメだし、中身入りがあったとしてもさすがに飲めないくらい消費期限が切れているだろう。

せめてチェリオパワーの「宮」「本」「武」「蔵」のうち2、3本持っていれば、「あっ、これは4本で宮本武蔵になるんじゃないか？　じゃあ足りないのは……」と推察して探すことができたかもしれないのだが。

一生の不覚也！

ちなみに、かつてチェリオは関西や中京地区がメインで販売展開していたので、たまたま宮

ぽこぽん日記健康いちばん茶
サンリオ
©1986, 2019 SANRIO CO., LTD.

サンリオが発売したお茶なのだ

ボイセンベリー
沖縄発酵化学

うさぎのダンス国産マッコリ
吉久保酒造

なぜ「うさぎのダンス」なんだろう……

とうもろこし茶
マルヨシセンター

何でもお茶になるんだなぁ

冷た～い黒糖ココア280g
沖縄県物産公社

ざわわ～ざわわ～

本武蔵のうち「宮」だけが、東京にいる僕のところに流れ着いたのであろう。

〝コウジロウ破れたり！〟

でも、こういうこともあるから缶ドリンクの世界は面白いんだよね。

こんなふうに、飲んだことのない缶ドリンクを探す100円チョットの冒険、あなたもしてみませんか？

霊芝《れいし》1000
バイオサイエンス

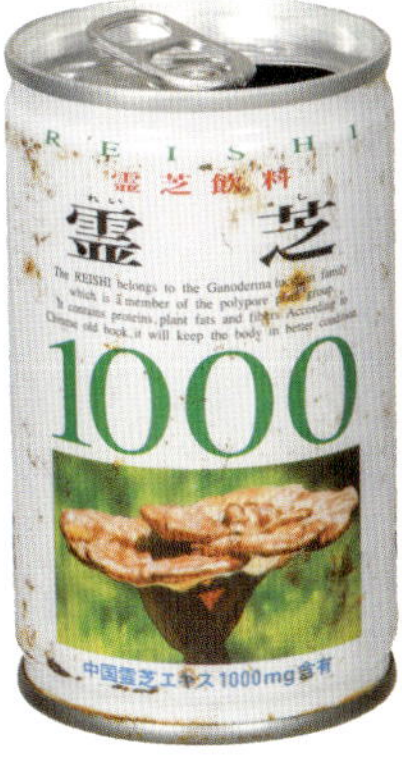

ミルキードリンク
不二家

ペコちゃんは昔から
歳をとらないね

**不二家ミルキードリンク
いちご**
不二家

意外と甘さひかえめ

**不二家ミルキードリンク
メロン**
不二家

**チョコボール
チョコドリンク　いちご味**
森永製菓

**チェルシー
コーヒースカッチ**
明治製菓

それなりの年齢の人なら、「アナタニモ
チェルシー　アゲタイ」のCMを覚えてる
人も多いでしょう。でもそれがドリンク
になってたことを知る人は少ないかも

ルック チョコレートドリンク
不二家

濃厚チョコレートドリンク

ふってふってゼリー ハイレモン
ポッカコーポレーション

タブレット菓子がゼリーに

のどハーブ
ロッテ

のどあめもドリンクになってたんです

あのチロルチョコはドリンクにも進出していた

チロルチョコレートドリンク
ダイドードリンコ

ヨーグレットドリンク
ポッカコーポレーション

ヨーグレットもひっそりドリンク始めてました

バーモントアップル
ペプシコ・インク

西城秀樹よ永遠に……

クォーツ・マスカット
不二家

まだこのころはプルタブが外れるやつだった

感じるマンゴー ナタデココ
アサヒ飲料

ネーミング、狙ったな

メッコール
コスモフーズ

麦コーラ

ミルパワー
サントリー

「見るパワー」じゃありませんよ

飲む玄米
キッコーマン飲料

キッコーマンはこんなのも出してたのだなぁ

いちご牛乳
スリーエフ

風呂あがりにキュッといきたいね

すりおろしパイン パインキッズ
沖縄県経済農業協同組合連合会

がんばってすりおろしたでー

蒟蒻《こんにゃく》レモン
ポッカコーポレーション

こんにゃくはカロリー低いよ

夏の甘酒
森永製菓

甘酒は夏の季語って知ってる？

大地のめぐみ 豆乳トマト
ジャパンライフ

大豆とトマトの結婚だー

ティラミス

日本サンガリアベバレッジカンパニー

ある年に突然流行ったケーキ。それ以前は日本にはなかったよね。飲料業界はすぐブームにのるよ〜

ビアードパパの飲むシュークリーム

永谷園

これ割と最近出たやつだからまだ街中にあるかも。レア物になるから今のうちにゲットだ！

コクグランタイム ふって飲む甘美なショートケーキ

ダイドードリンコ

そんなことしたらケーキがグチャグチャに！

ナタ・デ・ココ in おしるこ

伊藤園

ナタ・デ・ココが大ブームになったときは、おしるこにもぶち込んだものさ。すぐ消えたけど……

IMO
カゴメ

焼いも飲料。香ばしさもある珍しい味だったなぁ

焼りんご
カネボウフーズ

焼りんご、フルフル。リンゴはあるけど焼りんごは意外とないよね。振ってゼリー状になるやつね

「Sanyo」は山陽。岡山の会社です

いちごセーキ
山陽飲料

復刻堂 森永ホットケーキミルクセーキ
ダイドードリンコ

甘〜い

35コーヒー
南西食品

沖縄の風化した珊瑚で焙煎したコーヒー

黒豆エキス「サラサラ」ゴールド
菊池食品工業

丹波の黒豆使うちょります

こめちち
別海町酪農工場

「こめはは」もいるのかな？

うまだし
やまやコミュニケーションズ

ついにダシもスープとしてドリンク発売！

第2章

あなたの郷土缶あるかな？

北海道から沖縄まで、缶ドリンクで日本列島を縦断

あなたの郷土缶あるかな？

第2章

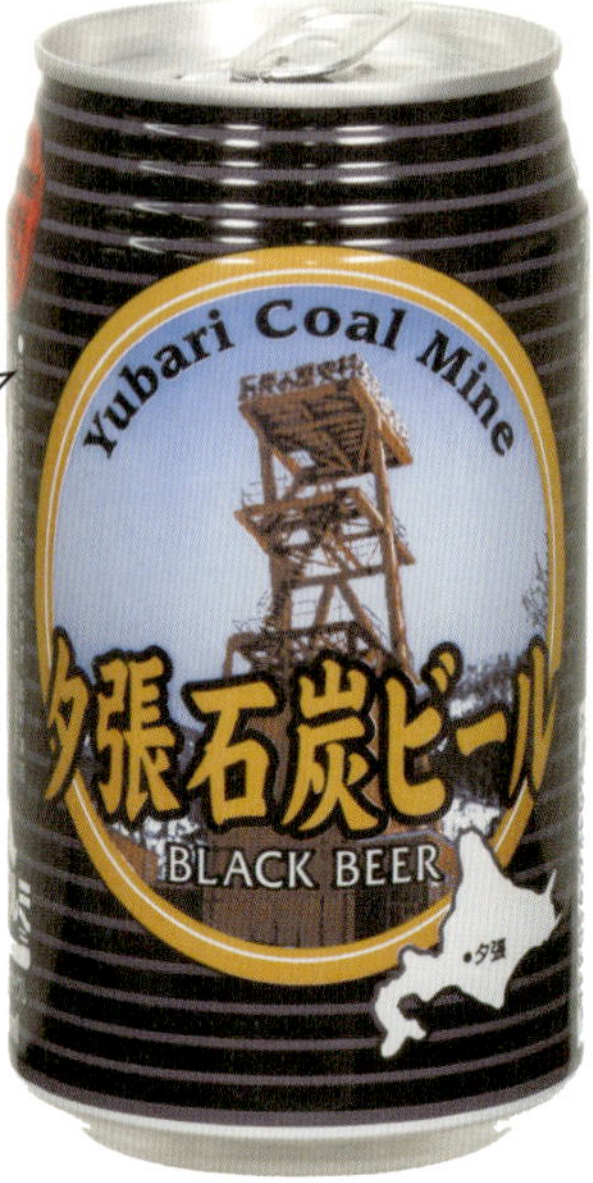

夕張石炭ビール
薄野地麦酒

安心せい、石炭は入っておらぬ。カッカッカッ

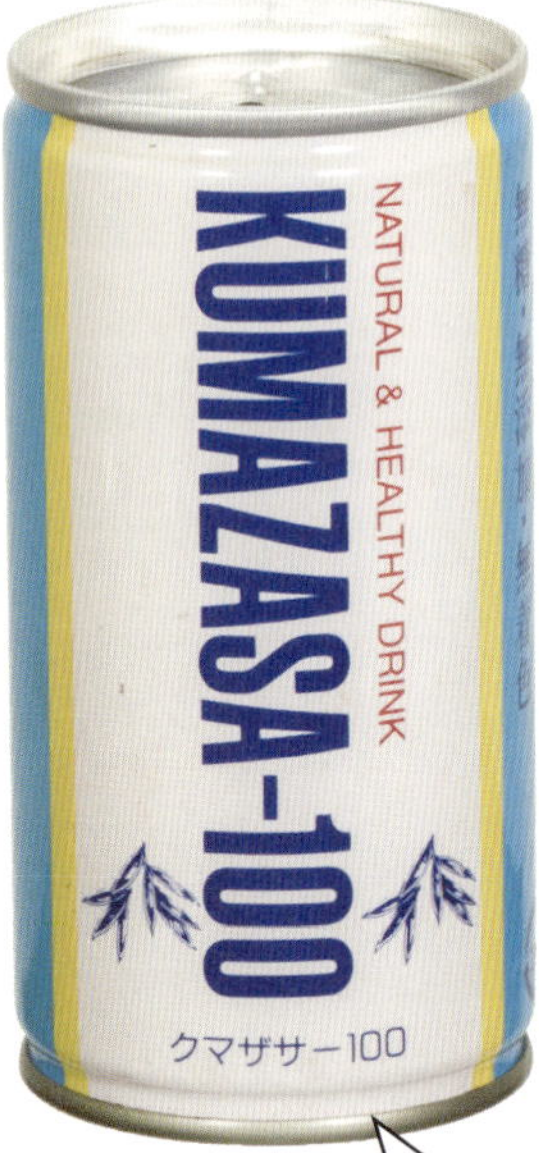

クマザサー100
北海道たばこサービス

北海道では熊笹茶が割とよく飲まれていて他にも何種類かあった

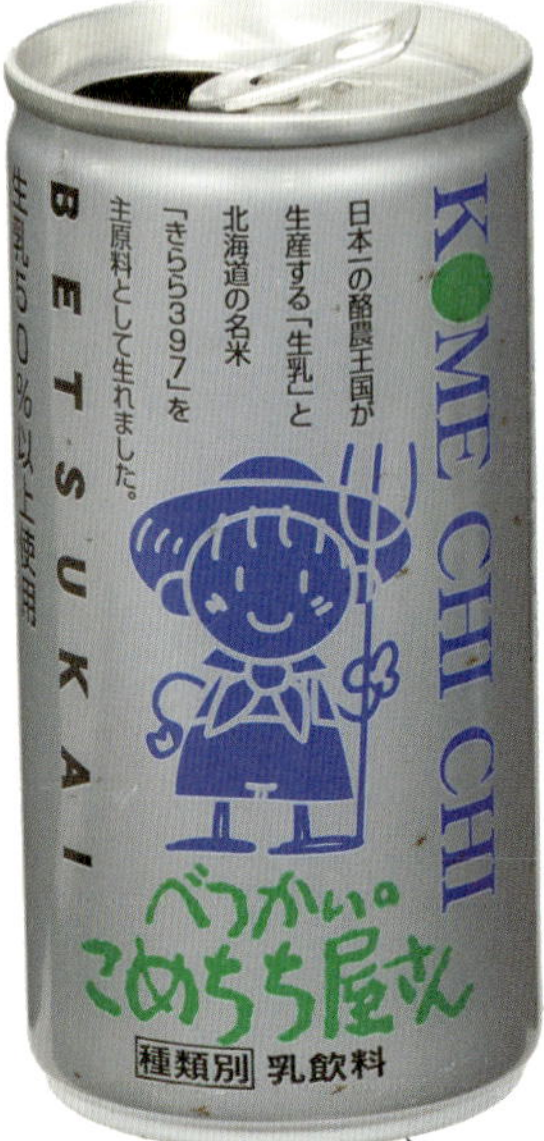

べつかいのこめちち屋さん
べつかい乳業興社

北海道にはこめちち屋さんがあるよ〜

北のきりん生ビール
麒麟麦酒

北海道マイルドコーヒー
サッポロウエシマコーヒー

札幌すすきのビール
薄野地麦酒

北海道最大の
歓楽地

龍飛《たっぴ》 水
北海道旅客鉄道

青函トンネルを抜けてやってきた水

龍飛《たっぴ》 オレンジ20
北海道旅客鉄道

青函トンネルを抜けてやってきたオレンジ

青函連絡船は昭和63（1988）年にその役目を終えた

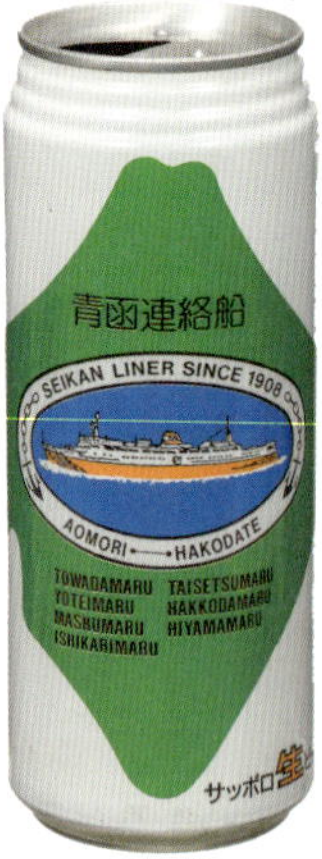

サッポロ生ビール 青函連絡船
サッポロビール

シャイニーアップルジュース 銀のねぶた
青森県りんごジュース

どうやら「金のねぶた」もあるらしい

産直搾り りんごジュース
青森県農村工業農業協同組合連合会

缶コレ天国、北から南から

外国に頻繁に行くようになって、初めて気づいたことがある。日本の風景には、ほかの国の人がビックリ仰天する独特の特色があるのだ。

そう、よほどの山奥や辺境の地に行かない限り、どんなところでも道路を見渡せば必ずといっていいほど飲み物の自動販売機（自販機）があり、こうこうとライトを怪しく光らせていることだ。そんな国は日本以外にはない。

もちろんほかの国でも自販機がないわけではないが、自販

りんごっこの花
ゴールド農園

りんごっこの花もきれいだで

花巻りんごジュース
花巻市農業協同組合

ちょっとスイマセン森田村ってこのへんですか
森田村農産物加工センター

私も旅の者なのでわかりません〜

山形山ぶどうソーダ
日本サンガリアベバレッジカンパニー

機ごとトラックなどでアラヨッと盗まれてしまうことが多々あるそうなので、大抵は建物の中にある。ムゾーサに道路に「商品も小銭もたっぷり入ってるよ〜。持ってけドロボ〜！」と言わんばかりに放置などしていないのだ。なので、盗難に関しての治安が極度によい日本ならではのランドスケープといっていいだろう。

　このコレクションを始めた当初、よかったなと思ったのは、いつでも街をうろつけば自分にとってのお宝が見つかる可能性があるということだ。

　普通、何かを収集しようと思ったら、お店が開いている時間じゃないと買えないとか、もし

山形尾花沢スイカサイダー
山形食品

スイカは割と好き嫌いが分かれる果物。ジュースは案外少ない。東北ローカルのサイダーをまんず、どうぞ

サッポロ生黒ラベル がんばってます!! にいがたWELLCOME
サッポロビール

新潟県中越地震復興支援!!

西暦2000年開運エチゴビール
上原酒造

エチゴビール　スタウト
エチゴビール

全国第一号地ビール

雫石とまと
新岩手農業協同組合

岩手県雫石のフレッシュなトマトジュース

くは外が明るい時間じゃないと見つけられないという制限があるけれど、こと缶ドリンク探しの場合、真夜中でも早朝でも自販機は稼働しているのだから。時間だけじゃなく場所的にもそう。こんなコレクションはなかなかないであろう。

　しかも、僕の仕事のメインはライブステージだ。地方に行くことも多いし、ときには海外にも。それが、このコレクションをやりやすくしている一因でもある。地方での仕事の空き時間を見つけて、また、ときには打ち上げ後の深夜に、自販機をキョロキョロ探しながら不審者的散歩をすることもあるのだ。交番が近くに見えたときは、あま

龍泉洞珈琲オリジナル
岩泉町産業開発公社

こまがたりんごりんごジュース
駒形村農業協同組合

秋田のこまがたりんごよっ

JA千葉みらい　にんじんジュース
千葉みらい農業協同組合

千葉のフレッシュなニンジン2本分も入っているぞ

千葉×ローカルエナジー
菜花の里

びっくりマークの行列！

り凝視せずにさり気なくチェックするだけにしている。職務質問はけっこう時間が取られるからな。

以前、ライブが終わった後に新宿の歌舞伎町を歩いていたら職務質問されたことがある。「カバンの中を見せてもらっていいですか?」と言われて開けたら、僕がパフォーマンス的にパーカッションの一つとして使う鉄の鎖がジャラジャラと出てきて、あのときは説明するのに冷や汗がタラ～リと出たものよのう……。

さて、ここで紹介するのは、そんな地方で見つけた缶だ。

まずは北海道から。

「流氷キッス オホーツクの口

サッポロ生黒ラベル　彩の国小江戸
サッポロビール

川越は小江戸と呼ばれております

サッポロ生黒ラベル　彩の国さいたま
サッポロビール

埼玉県限定発売生ビール さきたま便り
麒麟麦酒

さきたまは埼玉の古い言い方

キリンレモン ビッグバースディ・よこすか80
麒麟麦酒

横須賀誕生80周年のお祝いカモメだよ

横浜　茶瑠
ニッパ弘産

チャルルルチャルチャル〜

マン」（41ページ参照）という商品。これはチェリオの出しているブランド「スイートキッス」の北海道限定発売品……だと思ってた。でも違った。謎は……まだ解明されていない。

関西には伝統的な飲み物「ひやしあめ」（50・51ページ参照）がある。ショウガ味の甘いジュースだ。

これはしかし、とても画期的な一面がある。というのは自販機で「つめた〜い」に入っているときは「ひやしあめ」だが、同じ商品が「あったか〜い」に入った途端、「あめゆ」と名前を変えるのだ。温度で商品名が変わるというのは、世界中探してもそうそうないのではないだ

湘南ゴールド　エナジー
森永牛乳小田原販売

湘南ボーイならこれだぜっ

丹沢サイダー
創健社

北陸そだち　ゴジラ松井
室生庵

ゴジラ松井は北陸の
名士だど〜

香るほっ茶
静岡県経済農業協同組合連合会

これ飲んで
ホッとしたい

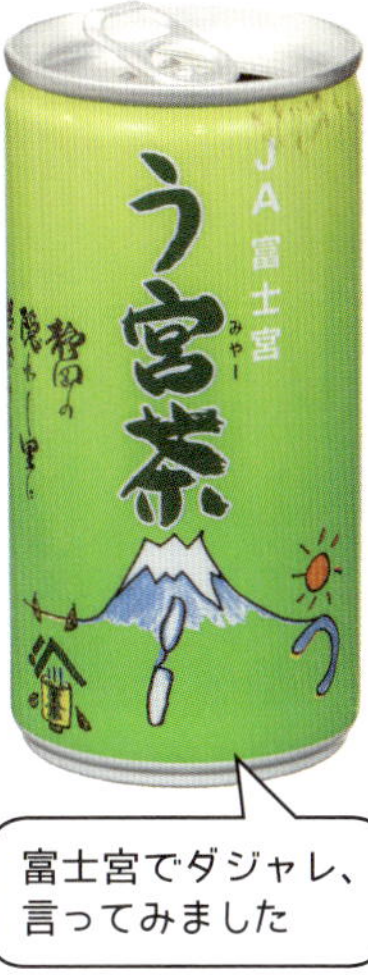

う宮《みやー》茶
富士宮経済農業協同組合

富士宮でダジャレ、
言ってみました

ろうか？

　ちなみにデザインは、表裏で「ひやしあめ」「あめゆ」となっているリバーシブルドリンク。関西人ならではのアイデア商品ということか。


　そして沖縄。ゴーヤーは最近でこそ全国的にポピュラーになったが、僕らの子ども時代にはそんな野菜の存在も知らなかった。ちょい苦い大人の味だが、「ゴーヤーマンドリンク」（45ページ参照）は子ども向けなのか、「ゴーヤーからできたレモン味のドリンク」という缶の裏面に書かれた説明が面白い。

　独特なのは、「飲む極上ライス・ミキ」（46ページ参照）。お正月に飲むお神酒からアルコー

アサヒ生ビール　富士五湖
朝日麦酒

富士五湖、全部言える？

静岡みかん70
静岡県経済農業協同組合連合会

愛媛には負けん！

青島　三ヶ日みかん
三ヶ日町農業協同組合

縄文時代の三ケ日人でも有名

ユーシーシーコーヒー さわやか信州
ユーシーシーボトラーズ

信州は高校生のころ、「学生村」に長期滞在してました

ひだ白川郷　どくだみ茶
白川郷山菜加工組合

世界遺産、白川郷の産

飛騨高山　りんごジュース
高山市農業協同組合

飛騨高山のリンゴも素朴でおいしいよー

ルを除いたものといえばわかりやすいだろうか。ドロドロの米粒が口中に流れ込んでくるのは……なかなかほかでは味わえない刺激的なものだ。

僕がコレクションを始めた30年くらい前には、その地方でしか販売していないローカルな中小企業の飲料メーカーがたくさんあった。しかしそういう企業はどんどん大手に駆逐されてしまい、今は地方に行っても壊滅的といっていいほど小さなメーカーはなくなってしまった。「なんじゃ、このメーカーは！　知らんど知らんどうれしいど〜！」のビックリに出会う回数も激減してしまった。しょんぼり。

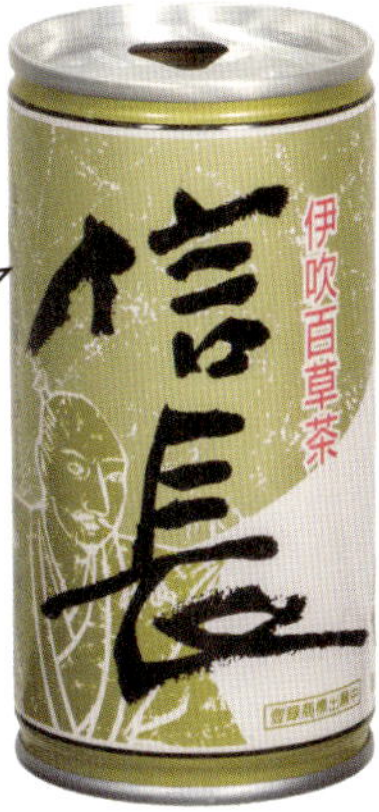

伊吹百草茶　信長
近江産業

信長がプルタブをカシュッと開けて飲むのが好きだったよ。なんてウソ

京都限定醸造ビール　京都1・4・9・7
麒麟麦酒

1497年製造じゃないから安心して

スイートキッス
中部ペプシコーラボトリング

スイートキッス　あゝ未知の味
中部ペプシコーラボトリング

未知は女の子の名前じゃありません

流氷キッス　オホーツクのロマン
網走食料品卸

往年のチェリオのスイートキッスとロゴが同じ感じなので、その地方限定バージョンか〜と思いきや、まったく関係ない会社の製品！

しかしこれも時の流れ。飲料メーカーに限らず、飲食店にしても昔からあったような個人商店はあっという間に減り、全国のどこにでもあるファミリーレストランやファストフード店が地方の駅前を埋め尽くしているのは、ある程度以上の年齢の人なら気づいているだろう。画一的で没個性。でも、僕自身もついついそういうお店を利用してしまうのだから、文句の言える筋合いではない。

ただ、やはり寂しいのは事実である。僕は、地方の個人商店に近い飲料メーカーのオッサンが、経費削減とばかり自分の娘にイラストを描かせたようなダサい缶ドリンクが欲しいんだよ

自然万養茶《まんようちゃ》
美山名水

京都の山奥、美山の名水茶

みっくちゅじゅーちゅ
日本サンガリアベバレッジカンパニー

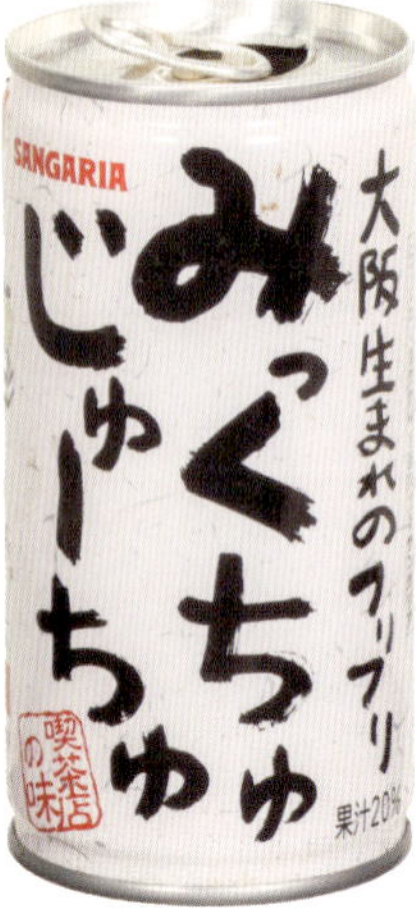

「おばちゃーん、みっくちゅじゅーちゅくだちゃーい！」

ビリケンビール
エイ・ジェイ・アイ・ビア

ビリケンさんの足の裏をなでると、ご利益があるそうじゃ

神戸ハーバービール
加新

港で飲むならこれよ〜

おお〜。

とにかく、かなり減ったといっても、まだまだ地方に行くと僕のワクワクは止まらない。

どうか独自の缶ドリンクをこれからもつくり続けて、僕をウヒョヒョヒョと喜ばせてくれいっ！

鳥取産二十世紀梨チューハイ
林兼太郎商店

私と梨のチューハイ飲みましょ

銘水コーヒー 下津井コーストライン

晴富

岡山の銘水コーヒー

二十世紀梨50

鳥取県果実農業協同組合連合会

梨はやっぱり鳥取なっしー

サッポロ生ビール ともの浦らランデブー

サッポロビール

広島県福山市のご当地缶

広島工場限定醸造生ビール 広島じゃけん

麒麟麦酒

じゃんけんじゃないじゃけん

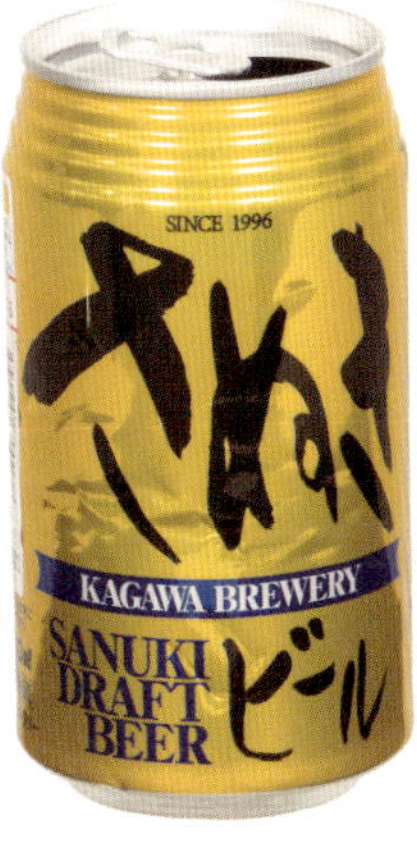

さぬきビール

レクザム香川ブルワリー

こいつのツマミはさぬきうどん

四万十65発泡酒

明治城本舗

日本一の清流、四万十川

えひめのみかんどりんく
愛媛県青果農業協同組合連合会

果汁70%もあるのよ

えひめ みかんいよかん混合ジュース
全国農業協同組合連合会愛媛県本部

ミカンとイヨカンのいいとこどり

アワライズ 阿波踊り専用エナジードリンク
サンマック

阿波踊り専用エナジードリンク。専用なのでほかの踊りには使えません

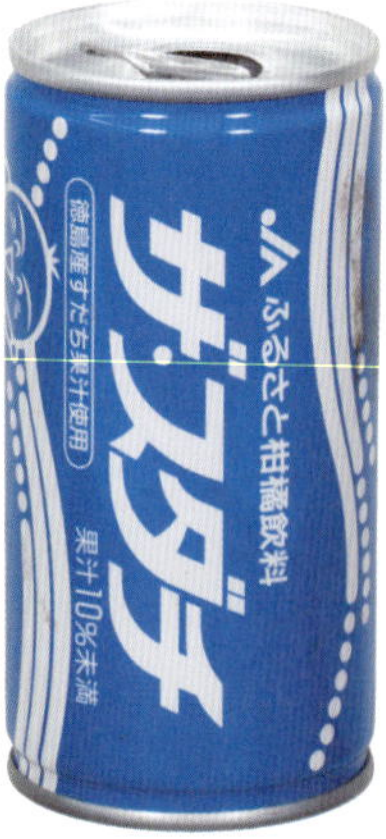

ふるさと柑橘飲料 ザ・スダチ
徳島県経済農業協同組合連合会

九州オリジナルコーヒー
ダイドードリンコ

ほかの地方では手に入らんばい

さつまいもドリンク 紫色《むらさきいろ》の夢《ゆめ》

さつまいも産業振興協同組合

おはんも、さつまいも飲むばい

さつまいもドリンク 橙色《おれんじいろ》の恋《こい》

さつまいも産業振興協同組合

さつまいもなのになぜオレンジかは聞かんでくれでごわす

オリオン生ビール ちゅらさん

オリオンビール

黒糖しょうが

琉球アジアン

沖縄は黒糖を使った物が多い。最近の妻への沖縄土産の定番は黒糖ミントと塩黒糖

ゴーヤードリンク

沖縄ポッカコーポレーション

これを飲むと全身にブツブツが……ということはない。安心召されい。わっはっは!

ゴーヤーマンドリンク

九州食糧品工業

朝の連続ドラマ『ちゅらさん』で登場したキャラクター覚えてる?

飲む極上ライス　ミキ

マルマサファミリー商事

飲む極上ライス。年配の方は気をつけてゆっくり飲んでください

モロヘイヤ茶

熱帯農林販売

モロヘイヤが野菜の王様だったのか～

うちなーぜんざい

沖縄ポッカコーポレーション

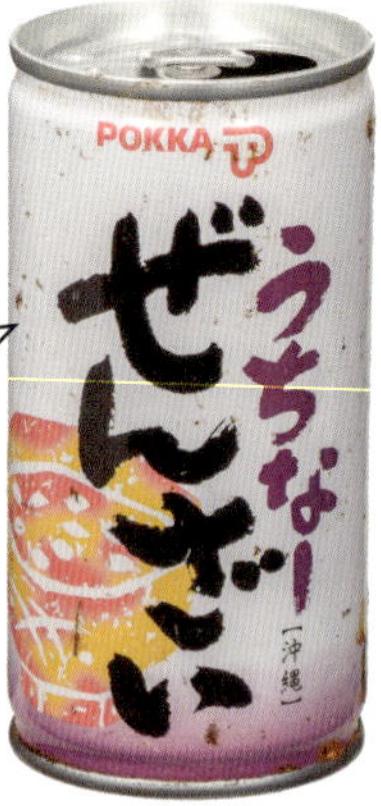

「うちなー」とは沖縄のこと

オリオン生ビール 琉球セゾン

オリオンビール

数量限定なのでもう手に入りません。「セゾン」はフランス語で「季節」

アロエベラ・ティー　南風《なんぷう》

中部沖通

「たま」の歌にも『南風』というタイトルあります

ウコン茶　うりずんの朝

沖縄薬草センター

「うりずん」は沖縄地方で初夏のこと

うわさのごーやーさい
沖縄県経済農業協同組合連合会

ゴーヤーは僕が子どものころは見たことがなかったなぁ

ハイサイ シークワーサー
沖縄発酵化学

「ハイサイ」は沖縄の方言で、昼夜問わず1日使えるあいさつの言葉だよ

ハイサイ タンカン
沖縄発酵化学

タンカンは、ポンカンとネーブルオレンジの自然交配によって誕生したといわれている

パワーギア
沖縄ポッカコーポレーション

「チバリヨー」と言ってるのは沖縄だけのデザイン

パワーギア
ポッカコーポレーション

日本は名水の宝庫！
水道水もおいしいぞ～

箱根湧水　水《み》土《ど》野《の》の水　水ノススメ。
神奈川県企業庁

健康都市　まえばしの水
前橋市観光協会

小学校の課外授業で
この給水塔に行きました

摩周の水
北海道旅客鉄道

湖の水

静岡の水
静岡市水道局

市制20周年記念　ざまの水
座間市水道局

ところざわウオーター
所沢市水道部

常備したい非常用飲料水！

福島県の阿武隈の水

あぶくまの天然水
あぶくま洞管理事務所

谷川連峰の名水　大清水
東日本旅客鉄道

なごやの水
名古屋市上下水道局

大都会、名古屋の水

なごやの水
名古屋市水道局

英彦山は「ひこさん」と読む九州の山

銘水　英彦山の水
九州旅客鉄道

奥出雲の銘水
西日本旅客鉄道

「ひやしあめ」と「あめゆ」のリバーシブル

オールシーズン使えるよ〜

しょうが　ひやしあめ・あめゆ
ペプシコ・インク

今岡の冷やしあめ・あめ湯
今岡製菓

サンガリア
ひやしあめ・あめゆ
日本サンガリアベバレッジカンパニー

こなゆきさん
ひやしあめ・あめゆ
キリンレモン・サービス

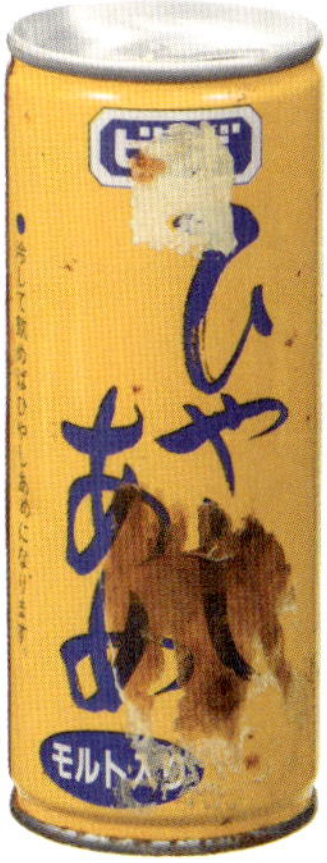

ビーボ
ひやしあめ・あめ湯
ビーボ・フーズ

ひら井　ひやしあめ・あめ湯
正和物産

「甘い」にもいろいろ方言3連発！

九州紀行カフェオレ
ダイドードリンコ

ちょっと甘かぁ〜

うみゃあ珈琲
ダイドードリンコ

ちょあま！

大江戸珈琲
ダイドードリンコ

ちょいと甘めぇ〜

第3章

チーム応援缶やスポーツドリンクが大集合！

いろいろなスポーツありマッスル

第3章 いろいろなスポーツありマッスル

快速快感飲料　F-1スポーツ
ポッカコーポレーション

ちなみにこのF-1は福笑いの日本一を決める決定戦ではない

ストライカー
ヤクルト本社

ヤクルトが出していたサッカーもの

スーパーマラソン
伊藤園

紅茶ベースのカフェインパワーで走り抜けろ！

アスリート・浩司の告白

2018年、冬。日本では、平昌オリンピックで誰が金だ誰が銀だと大騒ぎのころ、僕はタイのチェンマイという街にいた。

実はここ10数年、毎年2月はひと月タイで暮らしているのだ。詳細は「第8章 海の外から運んだぜ～」のエッセイ（134ページ～参照）を読んでほしい。

さて、その冬のチェンマイ滞在で、僕は少なからずカルチャーショックみたいなものを感じた。そこにオリンピックの

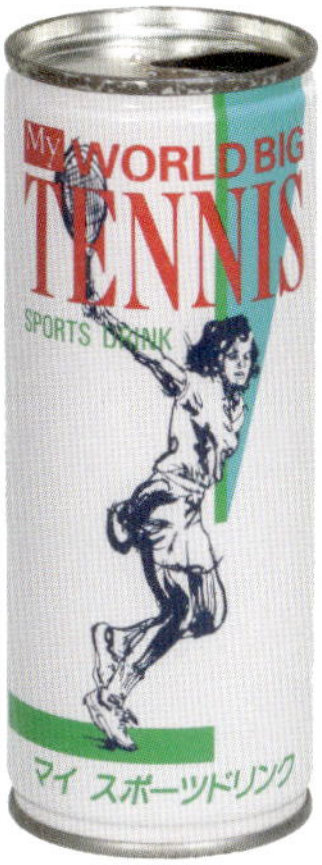

マイワールドビッグテニス
明治屋食品工場

うーむ、自分の体形を省みるに縁がないスポーツ……

ゴルフコーヒー
UCC上島珈琲

公園のミニゴルフなら好きなのだが

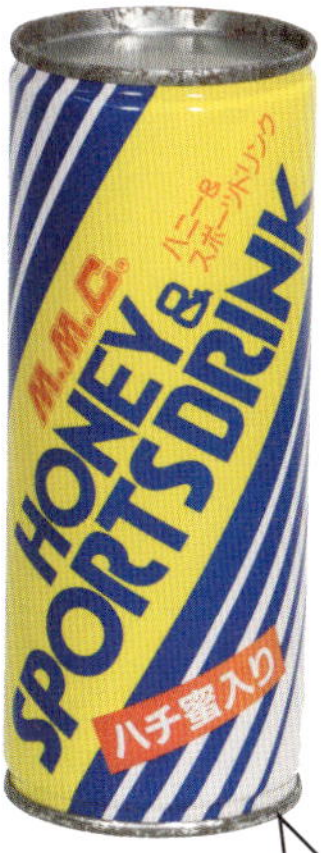

ハニー&スポーツドリンク
三本コーヒー

ハチミツ入りのスポーツドリンクだよ

スポーツドリンク
エスビー食品

スポーツドリンクという名のスポーツドリンク。走れ走れ！

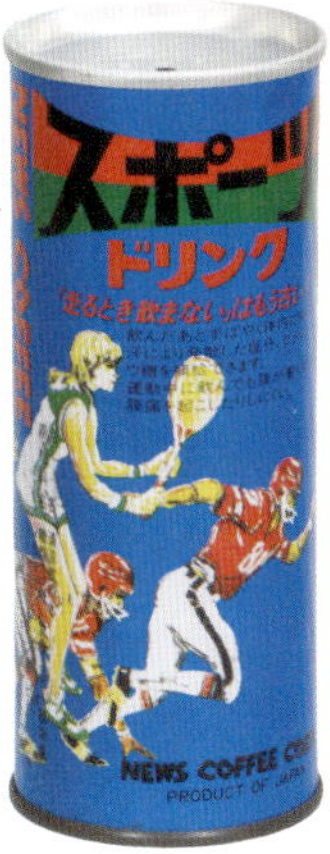

スポーツドリンク
ニューズコーヒー

これもスポーツドリンクという名のスポーツドリンク。この微妙なイラストも好き

「オ」の字もなく、テレビでは皆、ムエタイの試合を食い入るように見ていたのだから。あらためて、世の中にはさまざまなスポーツがあり、世界中に多くの愛好者がいるのだと思った。缶ドリンクの世界でも、いろいろなスポーツに関するキャラクターの起用は早かった。野球、サッカー、相撲、ラグビー、テニス、ゴルフなどなど。一部はファングッズともいえるので、保管している人も案外いるのではないだろうか。

ところで、僕が最初に日本武道館のステージに出たのはいつだか知っているだろうか。「イカ天大賞」のステージか、それとも「レコード大賞」のス

クイック クエンチC ミネラル
ロッテ

このシリーズでガムがあったのを覚えてる?

炎のバルセロナ
ポッカコーポレーション

バルセロナオリンピック(1992年)も、もう27年も前なんだなぁ

勝利
サッポロビール

カツトシくん、君の名前入りドリンクだ!?

熱血飲料
サントリー

血が入ってるわけじゃないから大丈夫

テージ? いやいや、実はそのはるか昔に、僕はその舞台に立っていた。

弱冠10歳。当時習っていた柔道の「子供模範演技指導」の大勢の中の一人だったのだ。

僕の体形を見てもらえばわかると思うが、生来のグータラのために運動というものにほとんど縁がない。動かなくちゃと思っていても、気がついたらプースカ鼻チョーチンで昼寝をする日々である。そんな僕でも10代のころは、少しはスポーツをした。

一つは中学校の陸上部。これはなんで入ったかというと、小学生のときは毎年、運動会のリレーの選手に選ばれていたから、自分は足の速い人間だと勘

アーン・ブルー
カルピス食品工業

どうやら英国スコットランドで愛飲されているらしい

ライフガード チューハイ
チェリオ中部

栄養リキュール。養命酒とは違う

スポーツ インターバル ドリンク アスリート
三井農林

元気 パワードリンク
鐘紡

違いしていたのだ。これはやはり、大きな間違いであった。

　人より成長が早くて背が高かったから走るのも速かっただけで、中学生になった途端に僕の成長はピタリと止まり、僕より背の低かった友達に「おいおい、まだその身長かよ」と、アレヨアレヨと抜かれていった。そしてそれと同時に皆、走るのも速くなり、僕はあっという間にヒューッと凡人へと落ちていった。

　もう一つは、高校生のときに流行っていた荘司としおの『サイクル野郎』という漫画に感化されて始めたサイクリング。佐渡を一周したり、当時、住んでいた群馬から徳島まで走ったこ

新日本プロレス エナジードリンク
チェリオジャパン

新日本プロレスのエナジードリンクはストロングスタイル

生活美人のスポーツドリンク
エーゼット商事

男は飲みづらいかも

オフサイド ナイアガラグレープ
麒麟麦酒

マイスポーツドリンク ラグビー
明治屋食品工場

ともあった。

　そんな日々の中、京都で交通事故にあった。曲がってくるタクシーと衝突し、ボンネットに自転車ごと乗り上げた。命に別条はなかったが、股間に激痛がして近くの病院へ。すると衝撃の光景が僕の目に飛び込んできた。

　2つしかなかった僕の〇玉が3つになっているではないか！

　そう、股間を強打したので、静脈破裂の内出血をし、もう1つ〇玉ができたくらいの膨らみが増えていたのだ。

　腫れが引けば治るということで心配にはおよばなかったが、あの時は焦ったなあ。これからは銭湯とかでギョッとされる体

ゴーゴー！ エナジー
ウエストマーケティングジャパン

ピエロだって体力使うのさ

サーファー アイソトニックドリンク
日本通商

NOVA マイルドコーヒー
朝日麦酒

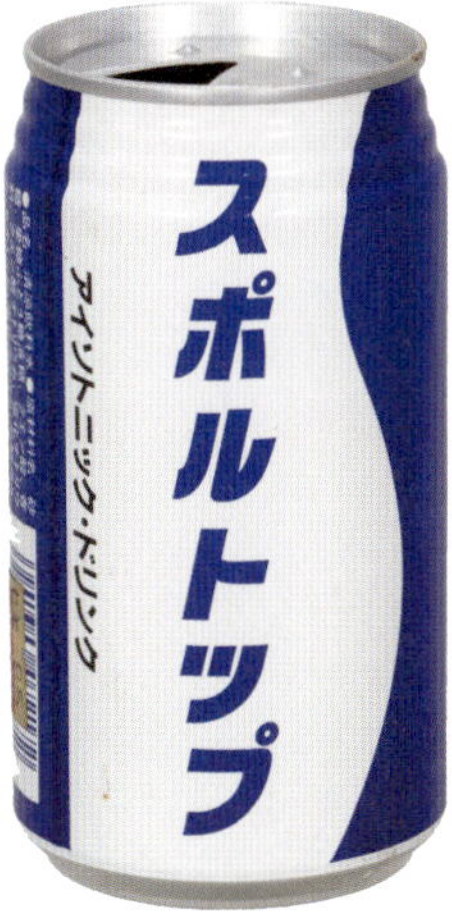

スポルトップ アイソトニック・ドリンク
カゴメ

になっちまったと思った……。

僕のスポーツ体験は、そんなもの。

振り返ってみれば、大塚製薬の「ポカリスエット」が出たのが昭和55（1980）年。それから次々にスポーツドリンクやエナジードリンクが出るようになったが、それまではそういう飲み物自体が世の中にほとんどなかった。ドリンク界もニューカマーが次々出るが、それが広まれば日常となる。

ちなみに日本にやってきた英語圏の外国人は、「ポカリスエット」を見るとドキリとするそうだ。

「えっ、日本人は、汗を飲むのですか!?」と。

日本代表選手を応援しよう缶！

アサヒスーパードライ
東京2020オリンピック・パラリンピック
ゴールドパートナー
アサヒビール

アサヒジャパンゴールド
ロンドンオリンピック
日本代表応援商品
アサヒビール

ロンドンオリンピック記念には、ちゃんと英国産ホップを使用しています

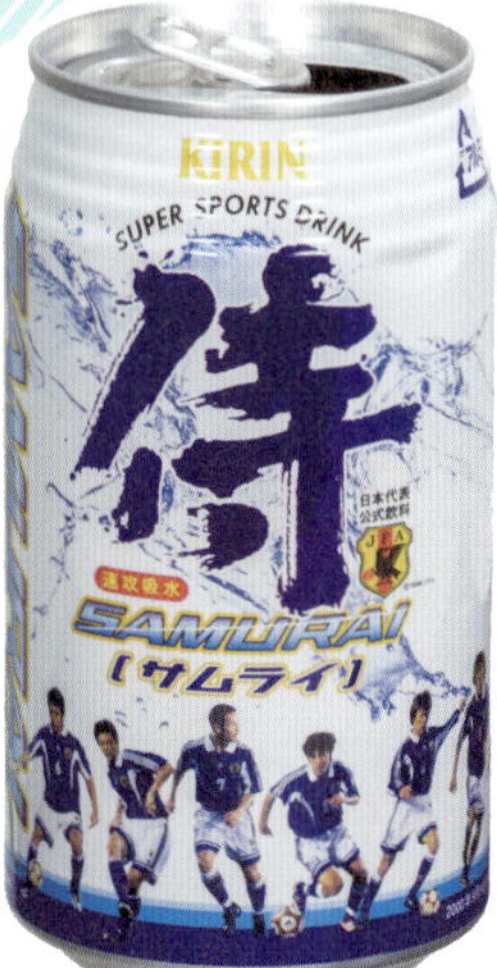

侍（サムライ）
キリンビバレッジ

どうしても僕の世代だと『侍ジャイアンツ』を想像してしまう……

麒麟淡麗生
サムライブルー2006
サッカー日本代表応援缶
麒麟麦酒

キリンのどごし生
勝利の祝杯をあげよう
麒麟麦酒

キリンのどごし生
がんばれ! なでしこジャパン
麒麟麦酒

麒麟淡麗生
サッカー日本代表応援缶
麒麟麦酒

カーン！と一発カットばせ〜！！
プロ野球缶大集合

アサヒ生スーパードライ がんばれ！福岡ソフトバンクホークス
アサヒビール

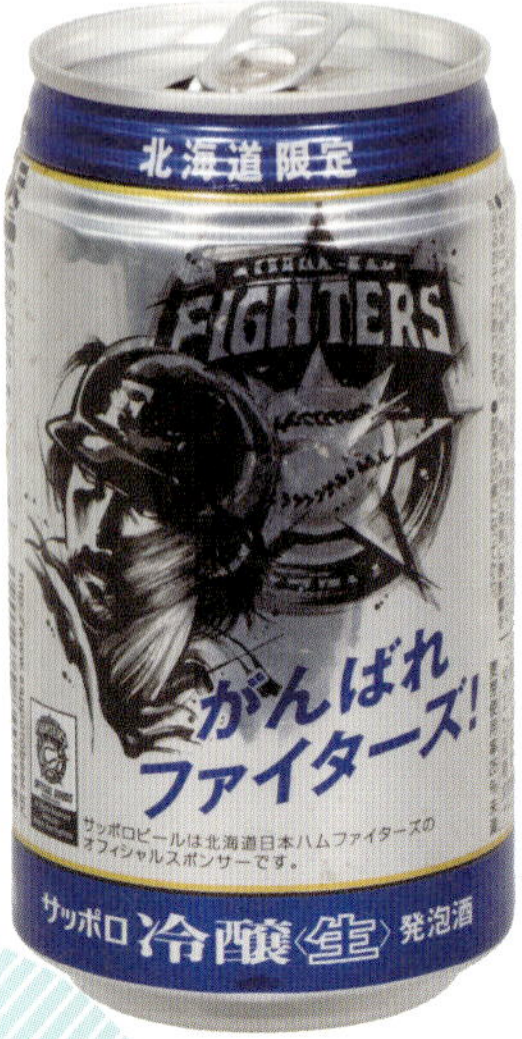

サッポロ冷醸生発泡酒 がんばれファイターズ！
サッポロビール

なんか渋いぜ ファイターズ！

オレンジドリンク 優勝中日ドラゴンズ
中部ペプシコーラボトリング

優勝記念缶はファンにはたまらないねえ

アップルドリンク 優勝中日ドラゴンズ
中部ペプシコーラボトリング

1988年ドラゴンズ優勝記念。カードラジオなどが抽選で当たるプレゼント付き

アツオエナジー2016
エスプライド

「熱男（アツオ）」は福岡ソフトバンクホークス2015年と2016年のチームスローガン

広島じゃけん、カープ坊やじゃけん

カープハイボール
広島・中国醸造

カープエナジー
ウエストマーケティングジャパン

同じウメ味で2018年のデザイン

カープチューハイウメ（2018年版）
広島・中国醸造

カープチューハイウメ（2017年版）
広島・中国醸造

ウメ味もあるでよ

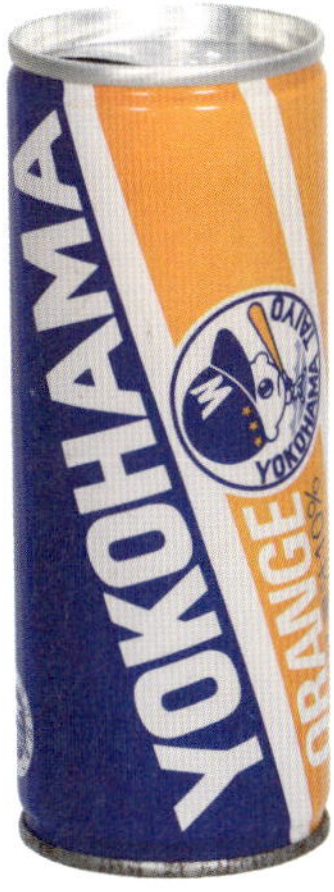

横浜オレンジ
大洋漁業

横浜大洋ホエールズなんて今の若者にとっては「はぁ？どこの球団？」ってなもんかもなあ

珈琲たいむ ヤクルトスワローズ
ヤクルト本社

サントリーモルツ
がんばれ！読売ジャイアンツ
サントリー

サントリー生ビール
めざせV2！
読売ジャイアンツ
サントリー

サントリービール
555 GO!GO!
読売ジャイアンツ
サントリー

サントリービールライツ
ガンバレ 長嶋ジャイアンツ！
サントリー

サントリー限定醸造生ビール
ガンバレ！
読売ジャイアンツ
サントリー

第4章

このネーミングにしたの誰じゃ！

名前がおシャレ？　ダジャレ好きにはたまりません

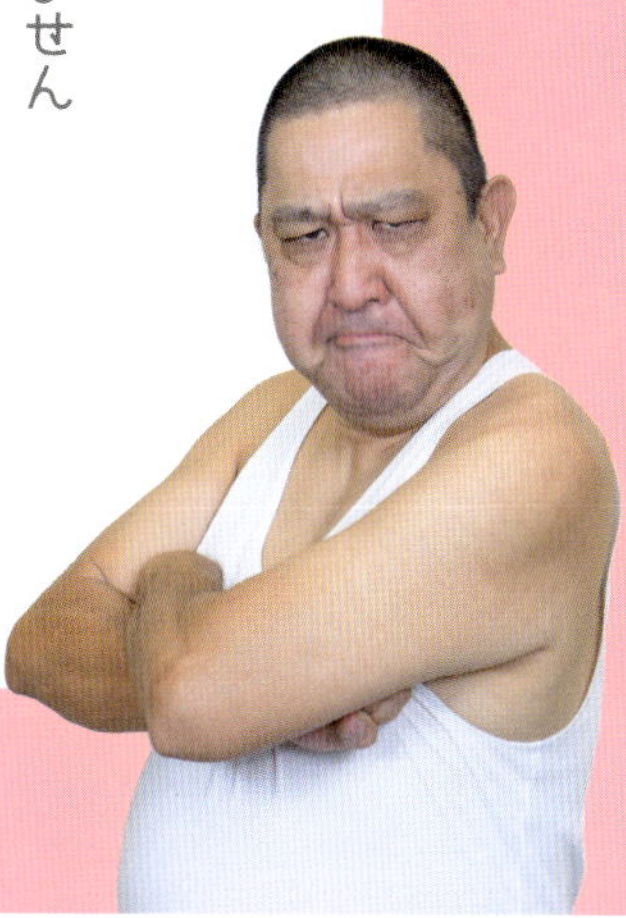

このネーミングにしたの誰じゃ！

第4章

OUT!
樹食品

口臭のキツイおやじに黙ってこれを差し出しましょう

甘夏の経験
サントリー

甘夏だっていろんな経験したい。
例えば季節外れのスキーとか

花嫁候補 オレンジ
東海ヴェンダー

こういうローカルなのが好き

青春のつぶやき
そんなキミのメロンソーダ
カゴメ

青春のつぶやき
そんなキミのハチミツレモンソーダ
カゴメ

僕もこんな感じの若者だった。とにかくツライことからはスタコラサッサと逃げてた青春でした……

カポネコーヒー
日本サンガリアベバレッジカンパニー

渋いカポネのコーヒーだぜ

燃える鉄筋飲料　ダイ・ハード
チェリオジャパン

1988年のアメリカのアクション映画のコラボ缶

フキゲンウォーター
アサヒ飲料

これを飲んでみんなもレッツ、不機嫌！

オラオラ ガラナ&トロピカルフルーツ
カルピス食品工業

オラオラオラ〜! ……谷岡ヤスジを思い出す世代

戦う新飲料 砂漠の嵐
チェリオジャパン

正しい関係 ロイヤル ミルクセーキ
ダイドードリンコ

どちらかと言ったら「いけない関係」のほうが背徳感で魅力的?

ワンダ きれいな微糖
アサヒ飲料

なんだって“きたない”より“きれい”なほうがいい

ガムヌキ アイスコーヒー
ペプシコ・インク日本支社

無糖をガムヌキともいいますね

ダジャレは日本の伝統文化

突然ですが〝なぞなぞ〟で〜す!

その1 トラを売り歩く、ちょっと変わった顔と服装をしている男とは誰?

その2 拳銃が隠されているという情報を得て刑事が部屋に踏み込んだが、銃は見つからなかった。部屋にはペットらしい小鳥が1羽いるだけ。さて、この小鳥の種類は?

その3 最近はあまり見かけないが、小さくて大きい乗り物とは何?

サイダー
カゴメ

これぞダジャレ缶の名作！

好奇心つよソーダ ざくろ
ポッカコーポレーション

気をつかいソーダ レモン
ポッカコーポレーション

ほかに「情にあつソーダ」「自由気ままソーダ」などもあった

ホップタイム PM9：00
サントリービール

午後９時の星空にカンパーイ

乳・ヨーク ウォーター
ネスコベンディング

日本製だよっ！

ゴマスリーナ
サントリー

世渡り上手飲料で〜す

答えはこのエッセイの最後に。ヒントは全部ダジャレだよ〜。

実はこれ、僕が10数年前に上梓《じょうし》した『おとなのなぞなぞ』（主婦と生活社）という本の中の問題。僕は子どものころからこういうくだらないダジャレなぞなぞが大好きで、なぞなぞを考える人になるのが夢だったのだ。

大人になり、自分のホームページで自分の考えたなぞなぞを出し続けていたら出版社から話をいただき、こういう本も出せて、なぞなぞ博士になるという夢もかなった。

ちなみに今も僕のホームページでこのコーナーは続いてい

僕ビール、君ビール。ミッドナイト星人
ヤッホーブルーイング

カエルは実はミッドナイト星人なのだ

僕ビール、君ビール。続よりみち
ヤッホーブルーイング

カエルさんも寄り道したいよね

浸・汗・鮮
長野興農

新幹線のダジャレだが、〝浸す汗が鮮やか〟とイメージするとなかなかウゲゲ。ちなみにトマト味のスポーツドリンク

潤々（るんるん）
アサヒ飲料

林真理子の『ルンルンを買っておうちに帰ろう』はこれのことではない

ドキドキ恋占いソーダ グレープ
ポッカコーポレーション

女の子って占い好きだよね〜

て、最近はもっぱら読者から投稿を募っており、現在2000問をこえている。多分、日本の無料なぞなぞサイトでは5本の指に入る問題数の多さだと思う。

それにしても、オヤジってダジャレが好きなんだよねー。決してウケないとわかっていても言わずにいられないのだ。これはもう一種の性《サガ》なのかもしれない。思いついたら口に出さないと我慢できなくなるんだよねー。

そして……缶飲料のメーカーにも、オッサンはいるに違いない。オッサンというものは、ダジャレの好きな種族である。なので当然、新製品のネーミング案でもダジャレが出てくる。特にお茶の「チャッ」はダジャレ

シラフ
日本生活協同組合連合会

一滴も飲んでません！

プリティ
プリティ・ジャパン

ちょっとだけプリティ

ミラクルボディC
日本サンガリアベバレッジカンパニー

元々はビンで売られていたのかな？

八海山よろしく千萬あるべし焼酎ハイボール
八海醸造

風呂あがり
サントリー

やっぱり風呂あがりには
こいつがやめられねえねー

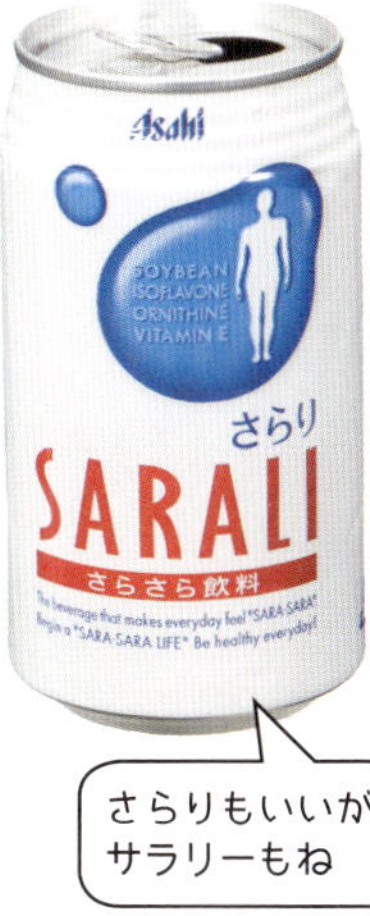

さらり　さらさら飲料
アサヒ飲料

さらりもいいが
サラリーもね

にしやすいのでよく使われているよね。

上司が思いついて「これはどうだ！」と聞かれたら、部下は（くそダッセーな〜）と思っても「おぉ！　見事なゴロですね。アッハッハー！」というのが社会の現実であろう。そしてそれが製品化されていく……。

さて、僕的にはダジャレ缶の最高峰は、文字もなく、ただサイの絵だけが描かれたもの（69ページ参照）。「あ、サイだ！」というわけで、この中身はサイダーだ。一瞬、ダジャレだと気づかずに飲み終わってしまう人もいるのではなかろうか。でもこういうくだらないもの、好き

ラムちゃん
ニュー・ビーボ

この変な生き物がラムちゃんダッチャ？

ソーダス
カネボウフーズ

おいしいダス。びっくりダス。はじめてダス

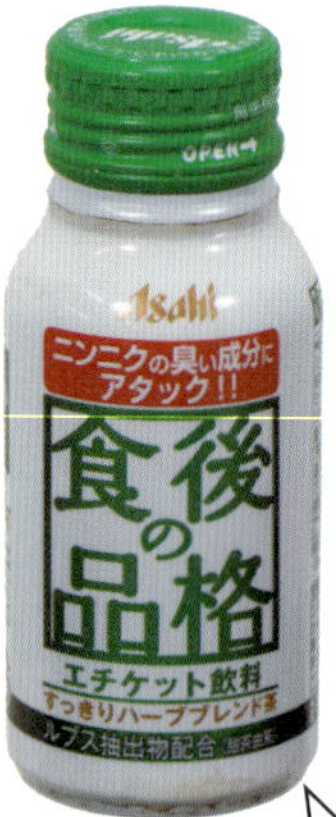

食後の品格
アサヒ飲料

ギョウザをこれに付けて食べたらいいだろうか……

活性牛乳
伊藤園

お茶の伊藤園もかつては牛乳も出していた

野菜満菜《やさいまんさい》
日本たばこ産業

妻の祖母は、グリーンジャイアントという緑色の巨人のマスコットが出演するCMを見て「大きな人もいるもんだねえ」と言ってた

なんだよね。

「何ちゅうネーミングつけてるんだよ～」も貴重な日本の伝統文化（の末端）だと思っとります！　ある種のダジャレ文化、女性や若者に嫌われていようと、今後も細々とでいいので続いてほしい。

そういえば、最近テレビを流し見することがほぼなくなった。インターネットの普及で自分の好きな傾向の動画を簡単に見られることになったのが最大の要因かもしれない。

それでも、お笑い番組は好きなので、見るテレビはほとんどお笑いのバラエティばかり。僕は、ライブが夜に行われることの多いミュージシャンという職

なまむぎ　なまごめ　なまたまご ミルクセーキ
キリンビバレッジ

麦芽エキス、玄米エキス、卵黄がちゃんと入ってます

お米屋さんのあつあつスープ　梅干
麒麟麦酒

まあ、日本語で言えば「おかゆ」ですな

ぐもんじドリンク
光和食品

あそＢＯＹ　甘夏カントリー スウィート
九州旅客鉄道

あそBOYは熊本を走っていた列車だよ

ねがい星
日本たばこ産業

ファンシーな女の子飲料

業柄、生放送で見ることはほとんどできず、ほぼ録画して妻とわが家の夜中0時という遅い晩飯どきに、ガハハ笑いながら見るのが定番だ。

そんな感じでお笑い番組の漫才やコントを見ていると、ウケが弱いのがダジャレ系。〝あるあるネタ〟が大爆笑を誘うのに対して、ダジャレはよほどのタイミングが合わない限り、むしろスベリ芸としてわざとコケさせるぐらいお笑い難度の低いもの。それが、もともとのダジャレ好きに加え、〝ダジャレ適齢期〟でもある僕には、とてもとても残念なのだ。

それでは、冒頭に出したなぞ

けっさく(結朔)でんねん

吉本興業グループ

夏みかんとはっさくで傑作でんねん

Hi倶楽部 チューハイタイプ

アサヒビール

ダンディに飲もうぜっ

ジェットストリーム

サントリー

1967年から続いている同名のラジオ番組とはたぶん関係ない

からだ・のびのびウォーター セノビー

日本たばこ産業

若者応援ドリンク!

なぞの答えです。みんな、わかったかな?

答えは、

その1・ウルトラマン

その2・ジュウシマツ

その3・SL

面白かったら、ぜひ僕のなぞなぞの本、買ってね～!と言いたいが、既に絶版じゃや。買えまへん。ショボン……。

くだものだもの　オレンジ
ポッカコーポレーション

のみものだもの

プリンあら・ど〜も
パスコ

わかってると思うけど、プリン・ア・ラ・モードじゃないからね

ノモノモ
キリンビバレッジ

カバさんのテレビCMが懐かしい

カルテ
ポッカコーポレーション

ナースの影がちょっと怖い……

おいシーサー　シークヮーサー
沖縄県農業協同組合

ダジャレなんだわサー

おはよ〜元気CAN《キャン》
日本サンガリアベバレッジカンパニー

カンではなくキャン

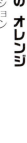

果《か》実《み》ごこち　ぶどう
ヤクルト本社

つぶつぶ入りなんで、こんなネーミング考えました

ボス　甘くないオレ
サントリーフーズ

自分には厳しいっす

さわやかゆじゅ
ハートランドかみのほ

まだボクちっちゃいからゆずをゆじゅって言っちゃうよ

コレカット
カイゲン

おそらくコレステロールカットの略ですね

もっこりパワー
UMAI

どこ見てるんだい?

炎のトマト
カルピス食品工業

ヤケドに注意!

あっと アップルドリンク
キッコーマン

「いっとイチゴ」があったかは不明

梅でシュ
日本生活協同組合連合会

どうでシュか？

うめテラピー
チョーヤフーズ

あったまるこ
サントリー

温かいコタツで猫は丸くなる

トマりん
新岩手農業協同組合

ついに出会っちゃったんだね

黒豆ドリンク BINGO
芽室町農業協同組合

何が当たったかは依然不明

茶目っ気たっぷりお茶缶大集合！

茶葉の数にこだわりあり！

七茶でちゅ！
ペプシコ・インク

カワイイでちゅね！

これ六茶《ろくちゃ》
サンコー

いろんな数のお茶っ葉を入れたお茶があるけど、これは六茶です

十茶図鑑
ボンヌコーポレーション

飲む図鑑。この本は空き缶図鑑

十萌茶《ともえちゃ》
大塚ベバレジ

篠原ともえではない

十六茶
アサヒ飲料

いろんな数のお茶っ葉を入れたお茶が発売されたけど、世間一般に一番知られたお茶はおそらくこれ

四《よん》十《じゅう》八《はっ》茶
吉本興業

日本全国どこでもよく合うお茶

二十一茶
日本サンガリアベバレッジカンパニー

二十一世紀だしね

茶目っ気たっぷりお茶缶大集合!

個性豊かなお茶缶だぜ〜

素敵に茶茶茶
プリマ

『おもちゃのチャチャチャ』の作詞は野坂昭如だが本件と関係なし

ニッポン茶・茶・茶
ペプシコ・インク日本支社

お茶にはダジャレ缶も多し

痩身《そうしん》願望
まいたけ販売

飲むまいたけ。これをもっと飲んでおけばよかったなあ。20歳のころよりプラス30キロ育った僕

バタバタ茶
あさひ

富山県の朝日町で生産されてるお茶

ちゃレンジ
静岡ジェイエイフーズ

みかんとお茶を混ぜることにチャレンジしてみました

酔っぱらい天国
寿老園

天国の後にはたいてい地獄がある

あがり
アサヒ飲料

あがりは寿司屋ではお茶のことだが、もともとは遊郭で使われた言葉という説がある

元気甲斐
丸政

大好きだった安西水丸さんのイラスト。あっちでも元気かい〜！

いたわり茶
ヤクルト本社

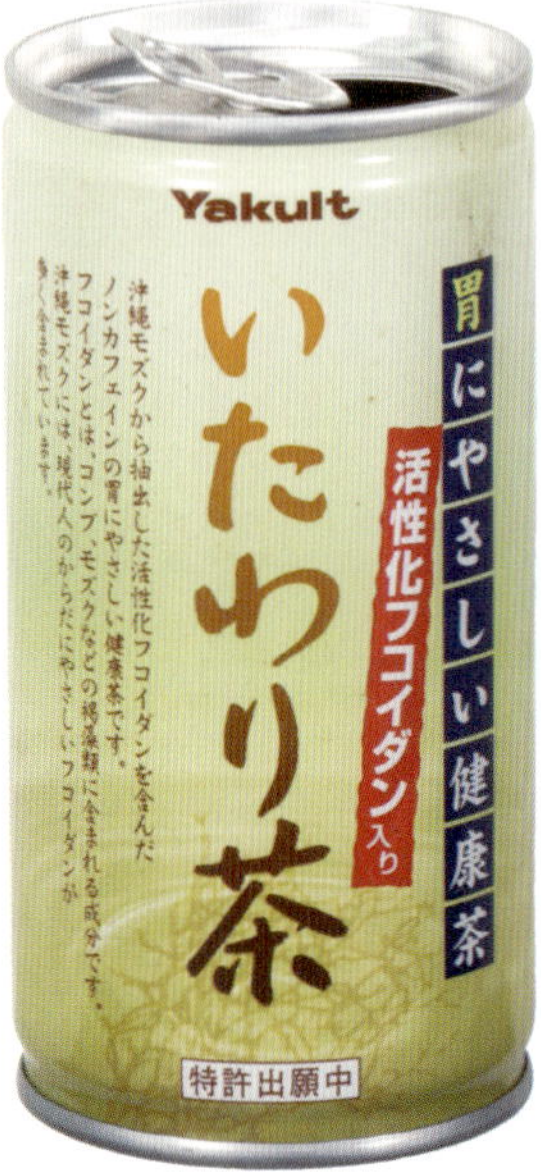

沖縄モズクから抽出した成分のフコイダンが入っています

こんがり麦茶
キリンビバレッジ

子どものころ、家でつくる麦茶には砂糖が入ってたなあ

力茶《ちからちゃ》
創信

お相撲さんが勝負をする前に使うのは力水だが、これは力茶

必勝だるま茶
木村飲料

これを神棚に飾ってもよし

八葉三実一花茶《はちようさんみいちはなちゃ》
キリンビバレッジ

8つの葉っぱ、3つの実、1つの花が入ってる。花はカモミール

豆奴妓茶《まめやっこちゃん》
美山名水

「お茶1杯、どうどすか？」

言われてみたいねぇ

一攫千金《いっかくせんきん》 烏龍茶
ネスコ

一攫千金なんて狙わずに
コツコツが一番じゃ

茶願寿《ちゃ～がんじゅう》
オリオンビール

試験にでる力水《ちからみず》
キリンビバレッジ

出ないと思います

脱ガス欠飲料 グイッとセルフ スーパーハイオク満タンで！
ジェイティフーズ

車に入れても走らないよ

パワー満タン 栄養ボンベ
サントリーフーズ

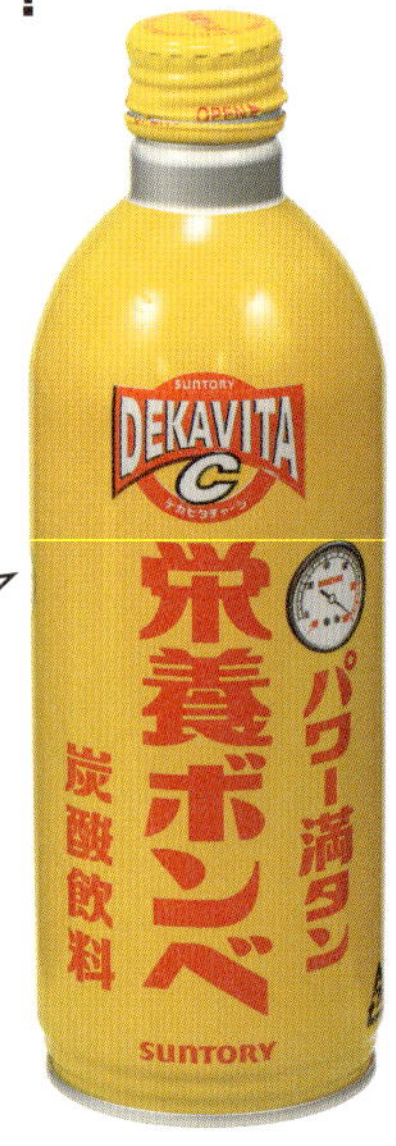

元気出そう

エネルギー充電 合格エナジー
サントリーフーズ

合格グッズはどの業界にもあるな

極冷ボンベ
サントリーフーズ

極冷だと凍っちゃうと思う

第5章

こんなところにもコマーシャル

缶ドリンクは中身じゃないよ外見だよ。ＰＲにも大活躍

第5章
こんなところにもコマーシャル

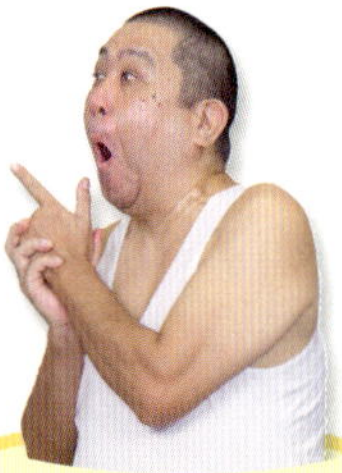

ウォークマン ディスコテイスト コーラ
明治乳業

ウォークマン ディスコテイスト コーラタイプ
明治乳業

昭和54（1979）年に大ブームとなったウォークマン発売記念のコラボ商品。ディスコテイストってなに味!? 正解はコーラテイスト！

ウォークマン レゲエテイスト コーヒータイプ
明治乳業

レゲエテイストのコーヒーって？

吉本新喜劇 花月のおいしい!お茶
吉本興業

吉本新喜劇のスター総出演。「この時代はこんな人たちが活躍してたなあ」の貴重な資料

スポーツドリンク まんまのまんま
森永製菓

テレビ番組のオリジナルドリンク

キャラコイン フルーツミックス 週刊少年サンデー40th スペシャル
明治乳業

©小学館

僕たちがやっていた「たま」がメジャーデビューより前に少年サンデーの表紙やグラビアを飾って、世間に「たま現象」という言葉が取り上げられたのはもう30年近く前のこと

ユーシーシーコーヒー ビッグコミックスピリッツ 10th
上島珈琲

©吉田戦車／小学館

吉田戦車のかわうそ君。戦車さんの漫画『ぷりぷり県』をモチーフにしたアルバム『パルテノン銀座通り』は「たま」の異色作。戦車さんも作詞やコーラスで参加している

アサヒ生ビール 祝開業ＪＲ62・4・1
朝日麦酒

国鉄がJRになったのは僕が大人になってからのこと。最初はJRって言葉もなかなか慣れなかったなあ

キリン一番搾り生ビール SLばんえつ物語
麒麟麦酒

スポーツドリンク JR東日本「鉄道物語」
東日本旅客鉄道

この新幹線モデルももはや懐かしい

空き缶は時代を映す

昔、テレビコマーシャルに出ていたことがある。

平成2（1990）年に「たま」というバンドがデビューした前後は、ＪＡ（農協＝農業協同組合）や地方のアルバイトニュースなどいくつかに出ていたのだが、最もヘビーローテーションされていたのは川崎製鉄（当時）のコマーシャル（ＣＭ）だろう。「たま」のメンバー4人それぞれをメインにしたものと、全員のものとの計5種類がつくられた。

僕がメインのものは、なにか巨大な鳥の機械みたいなものに

サッポロ生ビール
ジョイフルトレイン
サロンエクスプレス東京
サッポロビール

ユーシーシーコーヒー
九州新幹線全線開業記念
2011・3・12開業
ユーシーシー上島珈琲

九州新幹線は東日本大震災の翌日に開業した

シカゴジンジャーエール
シカゴピザファクトリー
チェリオ関西

ピザ屋さんの缶ジュースはピザを頼まねば買えないのかな？

G・S・D・F珈琲
防衛庁共済組合

陸上自衛隊の缶コーヒー

乗って移動しながら歌うという設定だったが、これはほとんど合成。一方、全員一緒に出演するものは基本的に合成なしで、「地球上のいろんな動物と仲良く温泉に入る」というコンセプトだった。

この撮影がすごかった。温泉という設定で、4人が裸で入っている（お湯に隠れて見えない下半身はパンツをはいている）。本当の温泉の温度だったらずっとは入っていられないし、他の動物たちも無理なので、ほぼ水状態のぬるま湯。その中に数時間つかって動物たちと撮影したのだが、これが大変だった。

ユーシーシーミルクコーヒー
ユーシーシーオリジナルコーヒー
「エヴァンゲリオン」シリーズ

ユーシーシー上島珈琲

ゾウが、映像に映らないゾウ使いの「ホオリャーッ！」という声と鞭《むち》でピシャピシャと強くお尻をたたかれ、それを聞いて興奮したラクダは首をブンブンまわしながらプシャーップシャーッと激しく唾液をまき散らし、それらのデカい動物たちが間近にいるのでタヌキは慌てて転がるように逃げ、サルは「ンギャーッ！」という断末魔のような恐怖の雄たけびを上げ、じっと我慢しているのはイヌくらいのものであった。

これを「生き物はみな友達」的に撮影するのだが、それぞれの動物が阿鼻叫喚《あびきょうかん》で、同じ湯船につかっているサマを撮るのには、そのタイミングが合うまでよく見ると、キャラクターみんなユーシーシーコーヒーを持っている！

©カラー
©カラー/Project Eva.

いろんな「動物待ち」で長い時間の撮影となった。

やっと撮影が終わり、冬だったので実はブルブルでシャワーを浴びたのだが、シャワーが2つしかなく、先に入った僕ともう1人のメンバーは無事だったが、後の2人はなんとお湯が出なくなってしまったとかで、唇を紫にしてガタガタ震えながら控え室に戻ってきた。

CMの撮影現場とは、テレビに映ってるホンワカとした雰囲気とは全く違うものであった。

また、「僕が今まででいちばん時給換算の高かった仕事」も、やはりテレビのCMである。

しかしこれは出演ではなく、音だけの仕事。僕は桶などを使

パルコ　40thアニバーサリー
ツモリチサト
パルコ

ツモリチサトさんがデザインしたクマの王子さまがプリントされている

パルコ　40thアニバーサリー
デハラユキノリ
パルコ

デハラユキノリさんのフィギュア。この親父さん、ほのぼのするね～

パルコ　40thアニバーサリー
セゾンカード
パルコ

パルコ　40thアニバーサリー
パルコ

緑茶らしからぬ斬新な色使い

パルコ　40thアニバーサリー
パルコ

「SLY」は陰でこそこそと悪だくみをしてずるいという意味

用した手づくりのパーカッションをたたいているが、この音をCMの画面に出る鹿威《ししおど》しのコン、という音として使いたいというのだ。お安い御用で～す、と引き受けた。

　レコーディングスタジオに入り、桶をスティックでコンとひとたたき。即座にOK。スタッフからの「お疲れさまでした！」の声。全くお疲れてないが、仕事終了。

　時間にしたら、コンの一音など1秒もない。そしてぶっちゃけるが、このコン一つでギャラが30万円だった。1秒ないが、仮に1秒として計算した場合、時給に換算すると300000×60×60＝

加美農高創立100周年トキメキりんご
宮城県加美農業高等学校

創立100周年の高校生が作った缶ジュース。なんかほのぼのするね～

NTT 二十世紀梨ドリンク
エヌ・ティ・ティ・中国テレコムサービス

NTTもかつてドリンクを出していた

世界一の九州・沖縄をつくろう。野菜100
キリンビバレッジ

青森三内丸山縄文文化アップルジュース
青森県りんごジュース

地元青森の三内丸山遺跡をPR！

1080000000。つまり、時給10億8千万円である。

8千万円は値引きするから、10億円の仕事、誰かまた気軽にください。待ってま～す！

さて、世の中、広告の包囲網の中にいつの間にかドップリといる自分に気づく。テレビのCMはもちろん、新聞、雑誌も半分は広告で埋められている。

街中至るところにある看板や貼り紙の、ほとんどは宣伝。電車に乗ってもふと目にしているのは、中づりに貼られている広告ばかりだ。最近はモニターにCMが流れていることもある。

これは日本を含むアジア固有の特徴かもしれない。ヨーロッパなどの街なかを歩くと日本と

**カフェーオーレ
おりもの感謝祭
一宮七夕まつり7月24日**
中部ペプシコーララボトリング

**チェリオアップル
おりもの感謝祭
一宮七夕まつり7月24日
“木曽三川治水百周年記念”**
中部ペプシコーララボトリング

こういう記念缶に出会うとうれしい。特にローカルものほどタイミングが合わないと手に入らない。地道にコツコツ探しまわるのみ

903対乳酸プロダクト
キリンビバレッジ

**コーヒー
旅は道連れ、稲荷寿し**
チェリオジャパン

第3世界ショップの缶コーヒー
プレスオールターナティブPT

比べて広告がほとんどないことに気がつく。これも文化の違いだろう。

でも、下品だがそのわい雑さが面白さでもあるので、僕は正直なところ、広告であふれるアジアの街は案外嫌いじゃない。

民放のテレビもCMがあるからこそ無料で見られていることに、普段はあまり気がつかない。最近は音楽や動画なども、無料で聴けたり見たりできるようになった。これはもっぱら広告収入というものがあるからだ。

昔、星新一のショートショートでなんにでもCMが入るという未来小説があったが、これが現実になろうとしている。事実、CMを見ることで無料にな

コーヒー'90年4月22日スペースワールドグランドオープン
UCC上島珈琲

北九州のスペースワールドも野外ライブをしたことがあるが、既に無くなってしまった

ユーシーシーブレンドコーヒー愛・地球博(2005年愛知万博)
ユーシーシー上島珈琲

愛・地球博に僕は「パスカルズ」で出演しました!

宮ケ瀬クリスマスみんなのつどい宮ケ瀬光のメルヘン
宮ケ瀬振興開発

オレンジサム スーパー海物語 IN 地中海
九寧物産

テイスティブレンド コーヒー スーパー海物語IN地中海
サッポロ飲料

る自動販売機も、最近、実験的につくられたという話だ。うちの近くにもできないかな〜。

缶ドリンク界も、この流れの例外ではない。

コマーシャルの入ったパッケージの缶は、以前からときどき散見した。これには、宣伝したい商品の名前を冠したものや、ロゴデザインを使ったコラボ缶、単純に広報のために例えば無料で配られる非売品のような缶ドリンクがある。

ウォークマンという音楽機械や、『ホットドッグ・プレス』などの雑誌が発売されたときには、それを周知させるためにコラボした缶があったし(86

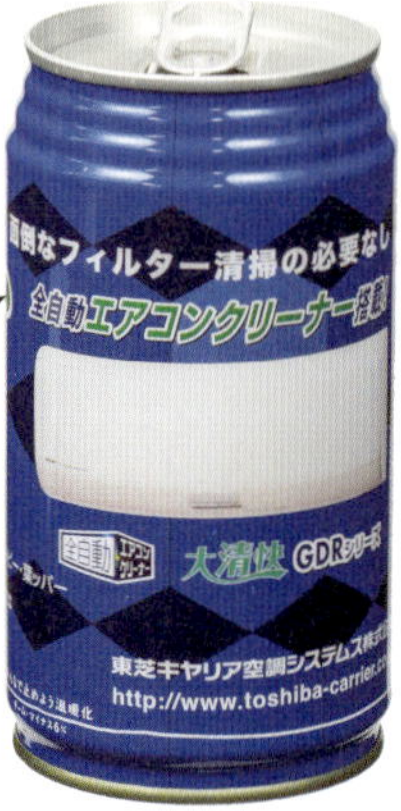

緑茶　全自動エアコンクリーナー搭載大清快GDRシリーズ（東芝キャリア空調システムズ）
東芝ビジネスアンドライフサービス

エアコンの宣伝缶なんて珍しい

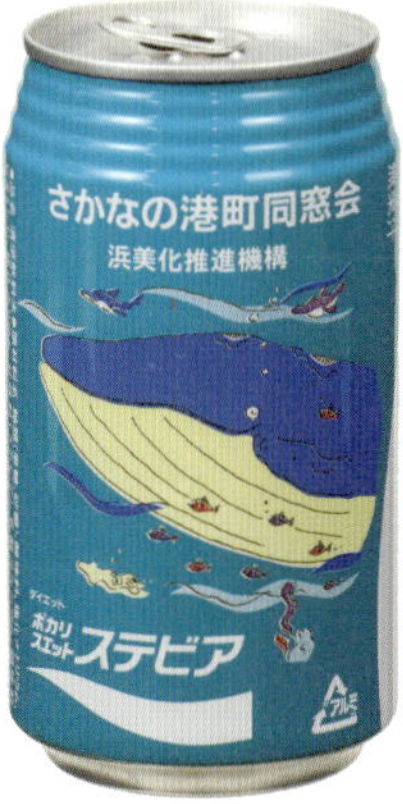

ポカリスエットステビア　さかなの港町同窓会　浜美化推進機構
大塚製薬

TENGA NIGHT CHARGE
典雅

TENGAを知らない人はネットで検索するよろし。がんばるドリンク

烏龍茶　とんかつ　さぼてん新宿
グリーンハウスフーズ

とんかつ屋さんのウーロン茶

ページ参照）、テレビ番組や映画とのコラボもある。昭和62（1987）年、国鉄がJRになったときは、各地で記念缶が発売された（88ページ参照）。「TENGA NIGHT CHARGE」缶（上記参照）には、ニヤリとする人もいるだろう。

実際には開催されなかったイベントの広告缶が、勇み足で事前に発売されてしまったこともあり、ある種の貴重な時代背景の軌跡といえるかもしれない。

こんなふうにコマーシャル缶は時代の流行り廃りを如実に表しているものなので、コレクターとしては是が非でも手に入れたい品々なのである。

第6章 このキャラ知ってる？

あの人気キャラクターや名作アニメの主人公が登場！

このキャラ知ってる？

第6章

ウィズユーオレンジシティーソーダ
麒麟麦酒
©玖保キリコ

スポーツドリンク　キャプテン翼
エスビー食品
原作／高橋陽一（集英社）

サビと缶の形が年月を物語る

元気一番　ヨーグルト味
不二家

企業キャラクターの草分け的な存在。
愛くるしい笑顔がチャーミング～

6 このキャラ知ってる？

ニューサントソーダ ガーフィールド
森永製菓
© Paws All Rights Reserved.

1978年に誕生したガーフィールドは、アメリカで愛され続けている猫のキャラクター

アップルスカッシュ ゲゲゲの鬼太郎
森永製菓
© 水木プロ・東映アニメーション

ミツ矢サイダー ドラえもん
朝日麦酒
© 藤子プロ・小学館・テレビ朝日・シンエイ・ADK

『ドラえもん』はもはや地球規模の人気。最近行ったタイやミャンマーにもたくさんいたよ

スーパーマリオ・コーヒー
サッポロビール
© 1986 Nintendo

今や国民的キャラクターだね

ライトフルーツソーダ 天空の城ラピュタ
味の素
© 1986 Studio Ghibli

バルス！宮崎駿監督作品がデザインされた缶ジュースは珍しいかも

ペプシコーラ　ペプシマン
ペプシコ・インク

オラホビール　キャプテンクロウスラッシュラガー
信州東御市振興公社

ダウンタウン・ソーダ・カムパニィ　スパイスレモン
カルピス食品工業

必殺技！かめはめ波ー!!

ドラゴンボール　コーラZERO
ダイドードリンコ

© バードスタジオ／集英社・東映アニメーション

虎缶　コミックとらのあな
虎の穴

©むっく/とらのあな
2001-2003

ユメは缶キャラデビュー？

エッセイ冒頭から、一つお断りしておかなくてはならない。この本ではたくさんの缶を紹介しているが、実際は僕のコレクションすべての中からセレクトしているわけではないのだ。

というのはコレクションが膨大すぎて、全容を見るには体育館にでも運搬して並べるような作業をしなければならないからだ。実は、僕も自分のコレクションを一堂に見たことがない。

なので、これはコレクションのほんの一部だ、ということを認識して見てほしい。特にこれ

けろけろけろっぴ　アップルC
カルピス食品工業
©1988, 2019 SANRIO CO., LTD.

ザシキブタ
グレープフルーツエード
カルピス食品工業
©1984, 2019 SANRIO CO., LTD.

サンリオのキャラクターグッズに囲まれて育った昭和生まれの女子たちも多いはず

ハローキティ　ミルクココア
森永製菓
©1986, 2019 SANRIO CO., LTD.

ザ　ボードビルデュオ
カフェ・オ・レ
カルピス食品工業
©1983, 2019 SANRIO CO., LTD.

みんなのたあ坊　スポーツドリンク
カルピス食品工業
©1984, 2019 SANRIO CO., LTD.

から紹介するキャラクター缶の場合、「あのキャラがないじゃないか！」「コレクターなのにあれ持ってないの？」などのご意見があるかもしれないが、そこは物置の奥底で、いつか登場する日を待ちわびてウズウズしているものもあると思ってもらいたいのだ。

さて、ひと口にキャラクター缶といっても、大きく2つに分類される。1つは漫画などのキャラクター。もう1つは実在の俳優やタレント、スポーツ選手が登場している缶だ。

漫画系のキャラ缶だと、僕が子どものころから描かれている『ゲゲゲの鬼太郎』なんかが

アップル30　ポケットモンスター
明治乳業
©Nintendo·Creatures·GAME FREAK·TV Tokyo·ShoPro·JR Kikaku
©Pokémon

グレープ30　ポケットモンスター
明治乳業
©Nintendo·Creatures·GAME FREAK·TV Tokyo·ShoPro·JR Kikaku
©Pokémon

マブヤードリンク
シークヮーサー
沖縄伊藤園

©マブヤープロジェクト

主人公の琉神マブヤー・金城タケルは沖縄を心から愛し、沖縄のために尽くす県庁職員らしい

ネスカフェ　匠　ゴルゴ13缶
ネスレマニュファクチャリング
©さいとう・たかを／さいとう・プロ／小学館

懐かしいが、『天空の城ラピュタ』などは宮崎駿アニメのファンなら垂ぜんの品ではなかろうか。『スーパーマリオ』などもゲームファンなら欲しい一品だろう（99ページ参照）。

　逆に最近のアニメはほとんど知らない。基本的に僕は自分の足で見つけていくのだが、ライブに来てくれるファンの中にはアニメファンの人がいて、彼が足しげく秋葉原に通ってはそこでしか売ってないレアなアニメキャラクターものをプレゼントしてくれることもある。

　実在の人物缶では、今は亡き星野仙一監督が「たのむぞ星野」と言われていると、ちょっと切なくなるし、発明家・ドク

©高橋留美子／小学館

ジャスミンだっ茶　うる星やつら
ジャスティス

ジャスミン茶じゃないよ、ジャスミンだっ茶だよ

©高橋留美子／小学館

烏龍と緑茶1／2ずつ らんま1／2
ジャスティス

©たかしげ宙・皆川亮二／小学館

スポーツドリンク　スプリガン
ジャスティス

マッサンとリタの物語 リタハイボール
アサヒビール

マッサンとリタの物語 竹鶴ハイボール
アサヒビール

ター中松の「頭においしい茶」は、なんとなくそんな気になるから不思議だ。そして東郷平八郎の缶ビールは、日本ではなくフィンランドの製品だったりする（104・105ページ参照）。

　ここには紹介していないけれど、実はアイドルや人気女優なんかの缶もけっこうコレクションしている。これらも時が経てば「そういえばこんな人、活躍してたなー」になるのではないだろうか。

　だから、こんなものも「僕らの身近に存在していた」という時代を映す鏡になる資料として残しておいた方がいいと思う。

　そんなワケで、僕は今日もどこかで缶ドリンクを飲み、そっとコレクションに加えるのである。

キリンでらうま　たのむぞ星野
麒麟麦酒

すいかソーダ
山崎製パン

2011年3月の九州新幹線全線開業をきっかけに生まれた「くまモン」なんだモン

ドクター中松の頭においしい茶
チェリオジャパン

世界的な発明家

季節仕込みビール ビエール・ド・雷電
信州東御市振興公社

江戸時代中期に活躍した力士。生涯10敗と、大相撲史上最強とされている

こうして30年以上も缶ドリンクをコレクションして、ときどき思うことがある。

「いつか自分のキャラの缶ドリンクを発売してみたい！」

もちろん、今ならオーダーメイドでそういうグッズをつくれるのは知っている。でも、そういうのではなく一般発売がしたいのだ。

そうなると、「ほとんどの人が知っている」という要素は必須。「たま」というバンドがデビューしてちょっとブレイクした時期ならそれもあったかもしれないが、今は地味にこそこそと地底に潜って音楽活動しているだけの僕が、タレント的キャラになるのは、正直、難しい。

カフェジーコ
セラード珈琲

昔はジーコと呼ばれたこともあった。名前がコージだから……

アミラーリ エキスポートビール
ピューニッキ

東郷平八郎のビール。しかもフィンランド製

緑茶 ナンシー関 大ハンコ展
エイコム
デザイン：坂本志保 ©Nancy Seki

サッポロ生ビール 冬物語
サッポロビール

マイケル・ジャクソンのジャパンツアーの記念缶！

ペプシコーラ
ペプシコ・インク日本支社

でも、妄想してしまうのだよね〜。自分がキャラ缶になったらどんなドリンクがいいのかと。

ランニング姿が印象に残っている人が多いなら、白いイメージのカルピス系の乳酸菌飲料か。それとも「（木星に）ついたー！」だから、なにかとなにかをくっつけたちょっと不思議系ミックスドリンクか。「裸の大将」山下清とよく間違われるから（本当に山下清役で映画に出たこともある）ナチュラル系か。はたまた桶とかたたいているから、銭湯の定番・フルーツ牛乳系なのか。

こんなふうに、いろんな人がそれぞれのイメージで缶ドリンクを出したら面白いだろうなー

復刻堂　ウルトラサイダー
復刻堂　ウルトラ大怪獣レモネード
復刻堂　大果汁バトルウルトラウォーター
復刻堂　ウルトラコーラ350

ダイドードリンコ

と思う。

いきなり話は飛ぶが、東京の西荻窪という街でうちの妻が「ニヒル牛」という変テコなアートギャラリーショップをやっている。

狭い店内に200以上の小さな木箱を置き、その中で作家さんが自由に自分の作品を置き、自由に値段をつけ、展示し、販売するというもの。絵ハガキもあれば、アクセサリーもあれば、変なオブジェもあれば、CDも洋服もある。基準は「自分でつくったもの」「大量生産されて商業ルートに乗ってないもの」。故に世界に一つしかない作品も多い。法律に触れるようなものはもちろんダメだが、

©円谷プロ

それ以外は無審査だし、なんでもOKだ。

なので、小学生が手描きで絵を描いたTシャツの横に、熟練の下駄職人が本物と同じ工程でつくったミニチュアの下駄があったり、きれいなタツノオトシゴの指輪の横に、リアルな一本糞のオブジェがあったりと、まさにカオスの個人作品群。その中にはエスパー伊東さんなど有名人もチラホラ。さまざまな作家が自分でつくったキャラクターも目白押しで、実は僕の姿のキーホルダーやTシャツやシールなどもほかの作家さんたちによってつくられ、ここだけで売られている（この店内の販売に限り、僕の肖像権はフリーなの

ポッカコーヒー
ドラゴンボール缶
キン肉マン缶
北斗の缶
こち亀タイアップ缶
ポッカコーポレーション

だ）。
いつかここで、いろんな作家がパッケージデザインした缶ドリンクを売れたら面白いだろうなーと思ってしまう。たとえ100人のうち99人には意味のないものでも、たった一人の宝物になるものがあればいい。価値なんて人に押しつけられるものじゃないのだから。

POKKA
COFFEE
こち亀タイアップ缶

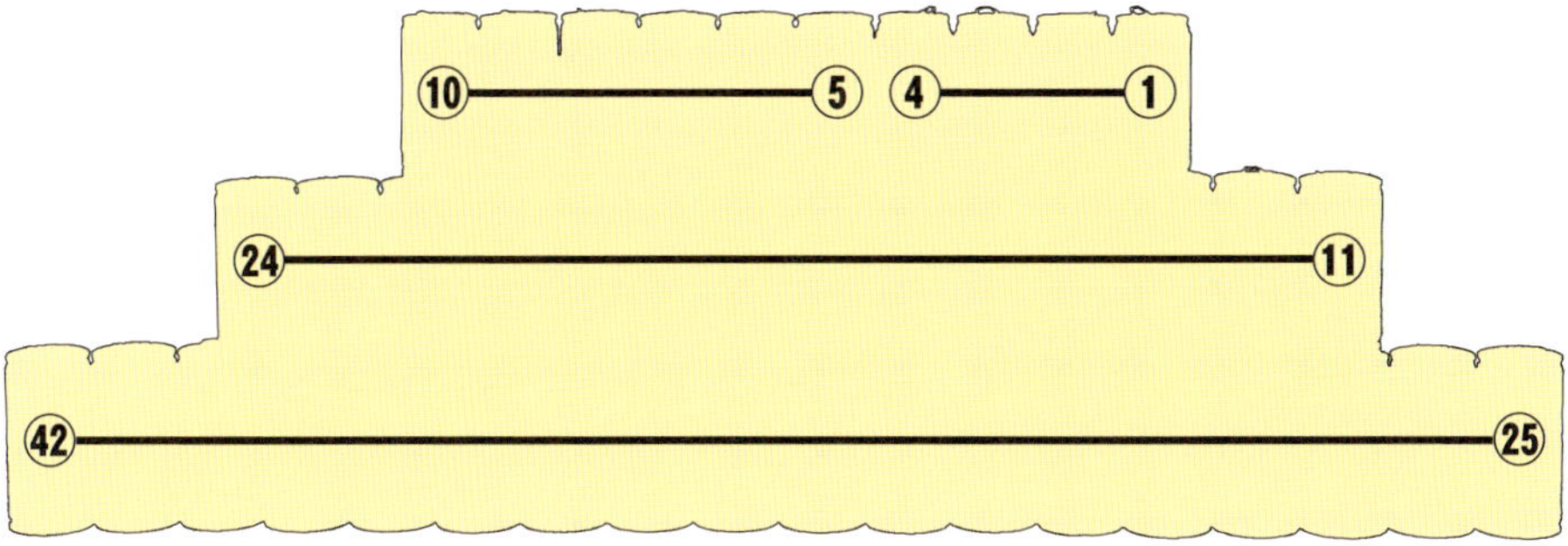
10
5
4
1
24
11
42
25

©石森プロ・東映

復刻堂 仮面サイダー
ダイドードリンコ

復刻堂3 秘密炭酸ゴレンジャー
ダイドードリンコ

秘密戦隊は秘密炭酸に、戦士は1000Cに。シャレてるね～

復刻堂4 秘密炭酸ゴレンジャー
ダイドードリンコ

復刻堂 秘密炭酸ゴレンジャー
ダイドードリンコ

復刻堂 秘密炭酸ゴレンジャー
ダイドードリンコ

©石森プロ・東映

第7章

昭和は遠くなりにけり

プルタブ式やレトロなデザインに、懐かしさがこみ上げる

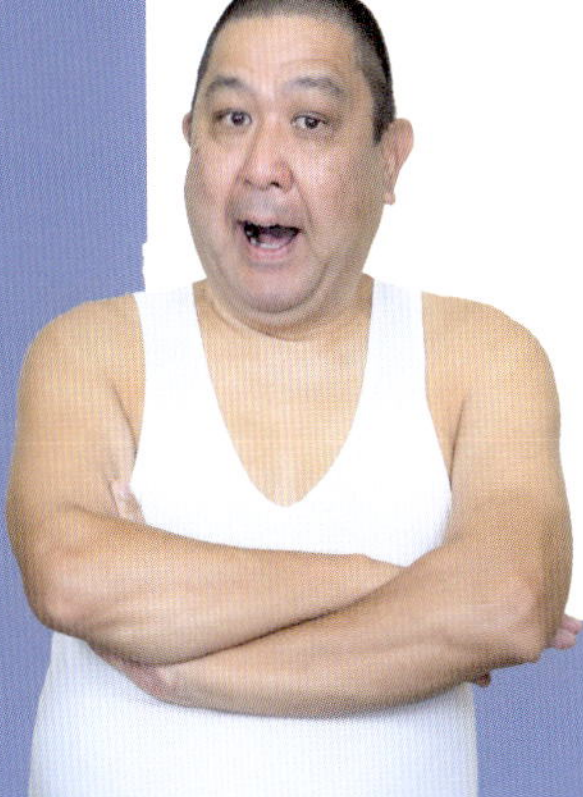

昭和は遠くなりにけり

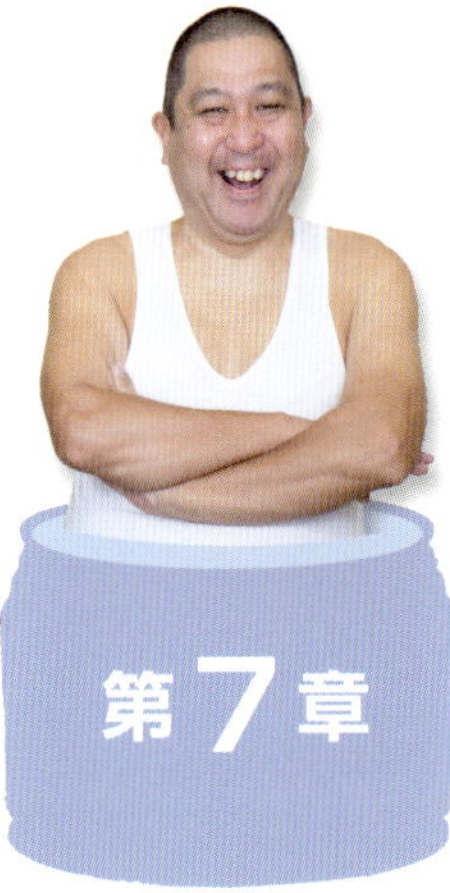

第7章

明治レモンクール
明治製菓

らくれんレモンティー
愛媛県酪農業協同組合連合会

上部にプルタブがないのは、古い缶の特徴です

飲み口の蓋が本体から取れるプルタブ式

飲み口は缶の底面にある

オーロラ味がどんなのだったか忘れてしまいました……

マウンテンデューオーロラ
ペプシコ・インク日本支社

マウンテンデューにもいろんな味がありました

マウンテンデューゴールデンライム
ペプシコ・インク日本支社

ガラナエール
丸善市町

なぜか北海道でだけ好まれてる南米のガラナドリンク

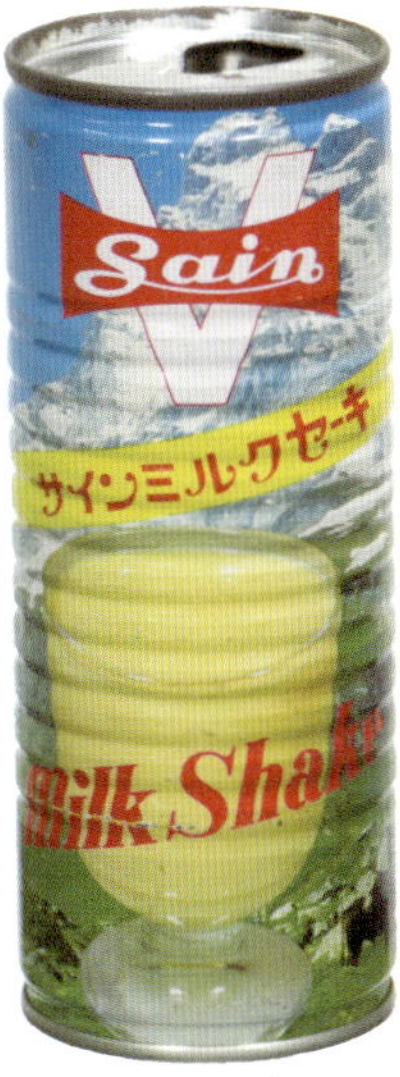

サインミルクセーキ
キンキサイン

なんかいいよね。このローカル感

imagine
サッポロビール

ジョン・レノンに許諾を取っていたかは不明

グァバー
オリエンタル

昭和感ただよう着色

ジョイン　結朔10
和歌山県農業協同組合連合会

ハッサクと夏ミカンを合わせて〝結朔〟

中泉
おれんじつぶいり
中泉

金太洋
つぶ甘夏みかん
太洋食品

いじめてくれて、ありがとう。

昭和から平成になったのは、僕が結婚した翌年だから、僕の独身時代はまるまる昭和だった。まさに昭和で育ち、昭和の青春を送ったのである。

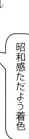

子どものころはペットボトルなどまだその姿もなく、ジュースといえばビンだった。自動販売機ですらビンがメインで、買った後に販売機についていた栓抜きでフタをカシュッと抜いたものだった。

ミリンダ、プラッシー、ファンタ、コーラ……今ではほとんどビンで見ることができない。ビンに比べると、当時、缶ジュ

キッコーアップルジュース
キッコー食品工業

パティオ　フルーツカクテル
ペプシコ・インク日本支社

カクテルだけどお酒じゃないのでよい子もどうぞ

ゆうなグアバ
南西食品

このジュースのことはゆうな！

ブンゴ　オレンジドリンク
大分県果実農業協同組合連合会

ースはちょっと高級品というイメージ。だから、飲ませてもらえるときは特別感があった。

それが、昭和36（1961）年生まれの僕が子どもだった昭和中期の缶ジュースのイメージである。

最初は缶ドリンクといっても種類が少なく、オレンジジュースとコーラ、甘いコーヒーくらいだった。

水やお茶を「買う」という発想は全くなく、それはそれぞれの自宅でタダで飲むものとしか考えられていなかった。夏になると、母親が麦茶を冷蔵庫で冷やして砂糖を入れてくれたものを飲むのが楽しみだった。「冷たいお茶」というものはそれが

丸山園むぎ茶
丸山園

昭和のすし弁当だね〜

ウーロン茶鉄観音
妙香園

確か、ウーロン茶ブームの出始めのころ

クリームソーダ　スマック
日本スマック

スマップじゃないよ、スマックだよ

ヤマナシ ピーチネクター
山梨県果汁開発センター

山梨をカタカナで書く感覚好きよ

せいぜいで、ほかのお茶を「冷やして飲む」という発想すらなかった。

　そこに、ウーロン茶が登場した。健康にいいということで爆発的にヒットし、そこから緑茶や水なども缶ドリンクとして生まれ、すごい勢いで市民権を得た。こんなふうに、ほんの10年くらいで缶ドリンクの世界が大きく変わったのは1980年代だったと思うから、昭和55年ごろだろうか。

　資料によると、昭和29（1954）年に、明治製菓が缶入りジュース「明治天然オレンジジュース」を発売したのが日本の缶ジュースの始まりらしい。まだ70年も経っていない。

シーホープ オレンジドリンク
日本パレード

ハイーハイ ソフトドリンクパイン
協同食品工業

ハイーハイ ネクターピーチ
協同食品工業

オーパイ ミルクセーキ
オーパイ

「オッパイじゃないよオーパイよん」

レモンフレーバー タンサン飲料
生活クラブ生活協同組合

そしてドリンク界は今、特にジュースなどはどんどん缶からペットボトルに移行している。もしかするとあと30年もしないうちにすべてがペットボトルなどに取って替わられ、缶ドリンクというものそれ自体が消滅してしまうかもしれない。

今はこんなに世の中にあふれかえってる缶ドリンクだが、長い歴史の中ではわずか100年間ほど存在したものに過ぎなくなる可能性だって十分にあるのだ。はるか未来に地層を調べた地質学者が、「フムフム。ここからは缶ドリンクが出土しているから、20世紀後半から21世紀前半の文明だな」などと分析されてしまうかもしれない。

僕が子どものころ、当時メジ

サントリービール
サントリー

このペンギンも一時期活躍しました

サントリードラフトビール
サントリー

タコハイ
サントリー

缶ショーチュー20°
協和発酵工業

内容物そのまんまの潔いネーミング

ャーな遊びで「缶蹴り」というのがあった。かくれんぼにさらにゲーム性を追加したようなもので、子どもたちは誰しも一度や二度はやったものだ。

今は廃れてしまったが、その原因としては、ある程度の広さがある空き地が減ってしまったこともあるだろうが、当時スチール（鉄）の缶が主流だったドリンク缶が、ほとんどアルミニウムになってしまったことも大きいのではないだろうか。アルミニウムの缶は蹴った途端、ペコンとへこんでしまい、缶蹴りには適さない遊び道具になってしまったからだ。

こんなことでも廃れてしまい、人々の記憶からも消えつつある遊びというものはあるのだ。

シュプレール 蜜柑
北海道ジェイ・アール商事

みかんを漢字で書くとこう

ベルミー ボーズ
鐘紡

リボン フルーツミックスアップルブレンド
サッポロビール

リボン・アップル
サッポロビール

リボンちゃんはアニメにもなった隠れた国民的キャラクター

そんな缶蹴りに興じるようになるちょっと前のことを話したい。

僕は小学2年生のときに、親の仕事の都合で神奈川から群馬に転校した。転校して間もないころに風邪で学校を休んだ翌日、すでに何人か友達になったクラスメイトたちがやけによそよそしいのに気づいた。おかしいなあと思っていちばん話しかけやすい子に聞いたところ、衝撃の返事が返ってきた。「昨日、ホームルームで担任の先生が『他県から転校してきたヨソ者の石川くんとは遊ばないように』とクラスのみんなに伝えてたよー」というものであった。

なんと、先生率先の元に「い

はちみつレモン
キャピタルフーズ工業

はちみつレモン
朝日食品

三ツ矢はちみつサイダー
アサヒビール

一世を風靡した「はちみつレモン」

サントリーはちみつレモン
サントリー

はちみつレモンの火付け役

はちみつラムネくん
日本サンガリアベバレッジカンパニー

こちらは、はちみつ&ラムネだよ!

じめられっ子」にされてしまったのだ。もともと手先が不器用でシャイということもあったが、まさか先生によっていじめのきっかけが起きるとは思ってもいなかった。

しかもそのクラスには、小学2年生にして少年院に入った経験のある子が2人もいた。1人は、親が毎日「万引きするまで家に帰ってくるんじゃないよ!」という家であった。

それ以降、友達や先生からビンタなどは毎日食らうのが当たり前のいじめを受けていた。まあ、ほかにもいろいろされたと思うのだが、自己保身のための忘却力が強くなり忘れてしまったけれど。

昭和レトロな雰囲気が漂う「コーヒー」たち

ユーシーシーアメリカンコーヒー
UCC上島珈琲

マダニホンジンガアメリカニユメトキボウヲモッテイタジダイノコーヒーダヨ！

サッポロコーヒー
北海道乳業

僕の好きな缶の一つ。なんちゅうかこの素っ気なさが、昭和です

白バラコーヒー
大山乳業農業協同組合

下部に「あき缶はくずかごに捨てましょう」と書かれているが、捨てなかったのでここにこうしてある

ユーシーシーブラックコーヒー
UCC上島珈琲

コーヒーは、昔は子どもの飲むものじゃなくて、主にこういうオッサンが飲むものだった

しかし、やがてわかってきた。僕がいじめられてカッコ悪いさまを、皆がクスクス楽しそうに笑ってることを。面白そうに笑ってることを。

「なんだ、俺、みんなを笑顔にしてるじゃん」

そこから気持ちを切り替えた。ブザマな自分を隠すのをやめた。おおっぴらに不器用な自分をそのまま出すようにした。自分から笑いに変えるようにした。

するといつの間にか、僕の周りにどんどん人が集まり始めた。いつしかクラスでいちばんともいえる人気者になっていた。

このときの処世術というか、とっさにどうしたらいじめを受

ユーエスエーコーヒー
日本通商

よく見ると自由の女神って結構怖い顔してる。こんなのが動き出して襲って来たら嫌だ

エスコーヒー
オリエンタル

"S"はスペシャルなのかスモールなのかサスペンダーなのかはわからない

トランプ占いコーヒー
ポッカコーポレーション

売ってるけど占い

けずに済むかが、大人になってから初めて会う人とでも相手の空気感を読んで、即興のパーカッションをつけられるようになったことの訓練にもなっていたと思う。

つまり、今の仕事ができる基礎にもなっていたということか。

いじめてくれて、ありがとう。

今でもコレクション開始時期に集めた、文字通りの昭和の空き缶を見ると、そのころのことを思い出し、なんだかちょっぴり胸がシクシクするのです。

苦味走ったブルースだぜ

ブルース ビッグコーヒー
チェリオコーポレーション

小島屋コーヒー ウィズミルク
小島屋乳業製菓

昔はブラックや微糖などという物はなかった。ガッツリ砂糖ミルク入り

ドリップコーヒー
伊藤園

モグラのコーヒーだい

ハニー・ブラック マグ・ボーイ
サントリー

ヤマニコーヒー
ヤマニ乳業

サーフ スペシャルブレンド コーヒー
ワールドフーズ

パンチアップ コーヒー
三輪商事

ラテンコーヒー リオ
保証乳業

ジョンブルコーヒー 香黒炭珈琲
三本コーヒー

「ジョン・ブル」とは擬人化されたイギリス人像のことらしい

ポッカ ミスターコーヒー
ポッカコーポレーション

アメリカンコーヒー
全国農協直販

ポッカコーヒーセレクト
ポッカコーポレーション

もみあげが左の缶より少し長かった？

ポッカコーヒー Mコーヒー
ポッカサッポロフード&ビバレッジ

今も昔も「ラムネ&サイダー」

ラムネ
キンキサイン

缶なのにビンの絵が描かれているパラドックス

ミツ矢サイダークラシックテイスト
アサヒ飲料

ラム水
愛媛県酪農業協同組合連合会

愛媛県酪農業協同組合連合会からはラムネ水、略して「ラム水」だ! 1文字しか省いてないが……

ラムネード
オリエンタル

あのマースカレーが有名なオリエンタルのラムネ。懐かしいね

ラムカン
日本サンガリアベバレッジカンパニー

ラムネを缶に入れたからラムカン!?

ラムネ
山本

明治初期に日本に入って来たラムネだが戦時中は、外来語が使えなかったので裸胸(らむね)と表し愛飲されていた……。ウソである

サイダーさわやか
日本スマック

日本のサイダー
チェリオジャパン

きれいなサイダー
日本サンガリアベバレッジカンパニー

爽やかサイダー
キャピタルフーズ

みかんサイダー
光食品

サンガリア ラムネ
日本サンガリアベバレッジカンパニー

がっつりサイダー
ジェイティフーズ

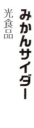

ラムネッ子
宝積飲料

ラムネ
日本サンガリアベバレッジカンパニー

なつかしソーダ
日本生活協同組合連合会

ラムタイガー
タイガー薬品

にっぽんの「コーラ」

ごっくんくらぶスポーツコーラ
オリエンタル

ロサンゼルスクラシックコーラ
日本サンガリアベバレッジカンパニー

おそらく西海岸、ロサンゼルスのコーラというイメージ

コーラコーラ
キンキサイン

サントリーコーラ
サントリー

M・M・C・コーラ
三本コーヒー

オリエンタルコーラ
オリエンタル

マースカレーで有名なオリエンタルのコーラ

第8章

海の外から運んだぜ〜

所変われば品変わる。缶ドリンクで世界をぐるっとひと回り

海の外から運んだぜ～

第8章

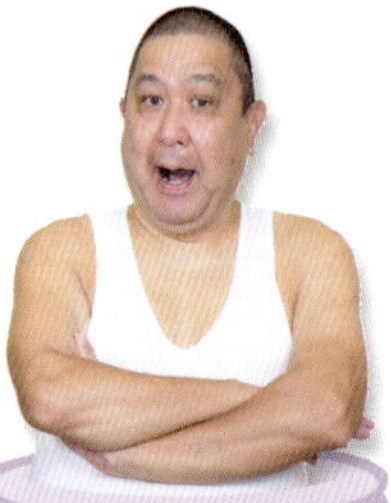

〝成龍出品〟とは「ジャッキー・チェン生産」という意味で、当時ジャッキーがCMをしていた

実はこれ、別の商品に薄いフィルムを張ってリサイクルしているんだ

たぶん僕のコレクションの中でも屈指のまずさ。アスパラガスの汁に砂糖を入れたもの。中国・桂林にて購入

台湾名物パパイヤ牛乳！

おサルさんも一緒に、おいしそうにヤシの実のジュースを飲むなぁ

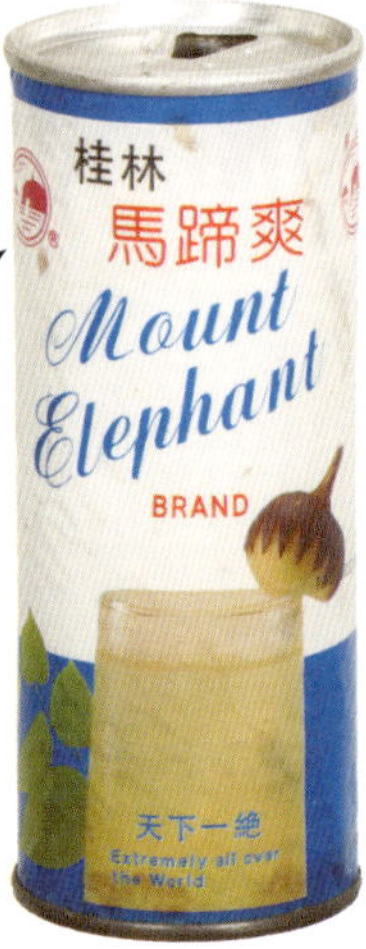

馬の蹄《ひづめ》が爽やかって？
中国の桂林で発見！

台湾は日本語を勉強している
人も多いので、だいじょうぶ

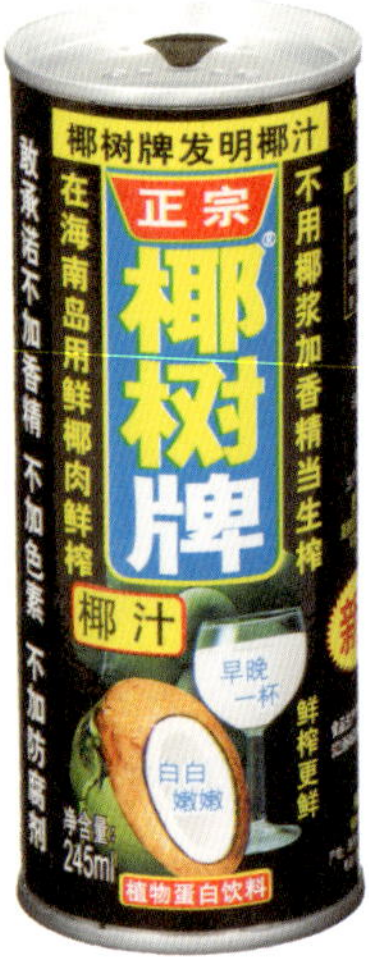

香り豊かな上品なお味

世界の缶ドリンクから

僕はここ10数年、毎年2月は丸々1カ月、タイのチェンマイという街に滞在している。

なぜ1カ月もタイにいるのか？ 答えは簡単。2月は日本がすっげー寒いから。グータラな僕は寒いのが苦手で、ついつい布団にくるまったままアーウー言ってるうちに月日が過ぎてしまうこともある。「これはさすがにマズい！」と思い、寒さで引きこもっているぐらいなら、いっそ南国に逃避しようと思ったのだ。

これは自由業のミュージシャンの特権で、仕事を自分で決められるというのも大きい。2月

中国のビールと思われるが、なぜカタカナ表記もされてるかは謎

は特にこれといったイベントもないことが多いので、それならちょっとしたライブやレコーディングは断っても、あったかいところでヌクヌク読書でもして過ごそうと。そんな楽～なジンセーもええやないかと。

チェンマイという場所を選んだのは、費用で決めたところも大きい。安い時期にチケットを取れば飛行機が往復で3万円台。宿泊はアパートタイプの宿で、月極め2万円以下。食事も屋台やショッピングセンターのフードコートなどで食べれば1食100円ぐらいからあるので、節約すれば10万円でひと月滞在できるのだ。

最近では、チェンマイや首都

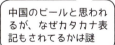

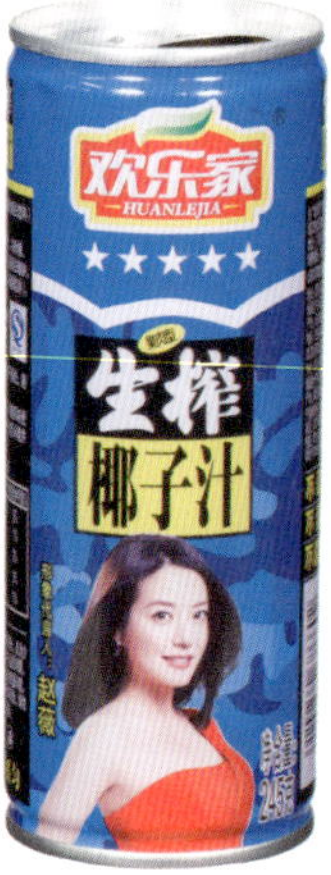

このインターナショナル・
ムービースターって誰だ
かわかる？

のバンコクでもちょろっとライブなどの仕事も入るので、いい感じでギャラがもらえた年は、交通費と宿泊費がそれで賄えることもある。もっとも僕は、毎夜のように現地や日本から遊びにきた友達とウホホーイと酒盛りしているから、飲み代まではさすがにまだ出ないけどね。

　そんなわけでタイの缶ドリンクは割と多いのだが、中国の缶もけっこうある。というのは最近、妻と3泊4日くらいの日程でふらりと中国に旅行に行くことも多いからだ。

　結婚29年目の記念旅行では、重慶に行った。これもぶっちゃけ費用の安さが理由。交通費と宿泊費で1人3万円ぐらいで不思議な形だけど、タイの定番フルーツ「タマリンド」。少し酸味があったかな…

話題になったノニジュース。「不思議な果実の原液を飲みやすくした」そうです。よ〜く冷やして飲んで！

　行けるのだ。これが国内だったら、箱根あたりでちょっといいホテルに1泊したらこのくらいかかってしまう。つまり、金持ちは国内のいい宿に泊まり、旅行好きの貧乏人は安い海外旅行をする。昭和では考えられない逆転現象が起きている。
　重慶でも、いつものようにホテルに荷を降ろして早速、近所に散歩に出かけた。ホテルもできるだけ庶民が買い物しやすそうな場所を選ぶ。ちょっと路地に入ると、野菜や果物や串焼きなど雑多な屋台がガヤガヤの喧騒とともに出ていて、いかにも中国らしくてワクワクする雰囲気が好きだからだ。
　そして、こういう場所では、決まってまだ見ぬ缶ドリンクが

珍しいセロリのドリンク

霊芝エキスとハチミツ入り。イラストがなんか怖いです―

 ベールフルーツのジュース。タイでは健康によいとされている

僕を待っている。まずお目当ては、なんといってもスーパーマーケット。これ、海外でも缶ドリンク探しの基本っすね。ドリンクの自動販売機が10メートルごとにあるなんてのは、日本だけの文化だからね。中に入ったら、一目散に缶ジュースコーナーへ。

と、と、と、ありましたよ！「生搾椰子汁」（136ページ参照）と書かれたちょっと色っぽいお姉さんの写真と、あとは延々、極彩色で漢字が羅列されてるココナッツジュース（134ページ参照）。さらに酒コーナーに行き、缶ビールも物色。地元の重慶ビールや中国のさまざまな街のビールをヨホホーイと小躍りしながら買いまく

った。いきなりバッグがズッシリ喜びの重さになる。いいねえ〜、この重量感！

　しかし、旅の荷物はなるべく軽く、が缶コレクションの掟。すなわち、集めた缶の中身は現地で飲まなければならぬ。毎夜ビールをガブ飲みせざるを得ないのも致し方ないことですなあ。ウヒョヒョヒョヒョッ！

　ちなみに中国では縁起物として男の子のおしっこだけを集めて煮た卵「童子蛋」というものがあるがここには売っていなかった。ホッとひと安心。その缶ジュースがあったら、当然、飲まねばならぬからね……。

　こんなふうに、中国ではけっこう行くたびに新しい缶に出会

う。「童子蛋」に遭遇するのも時間の問題かも。

ところで僕は旅行記を2冊出版している。どちらも「すごろく旅行」という僕が考えたゲーム旅の旅行記だ。サイコロを振って出た目の数だけ友達全員で駅を進む。だからどこに行くかは全くの運。着いた先の駅では自分たちでつくっておいたクジを引く。そのクジにはその街でやるべきことが書かれている。「誰かを皆で尾行してバレないようにその人の動きの真似をする」「生き物の頭をなでる」「裸足で川を渡ってみる」など。そして台湾を「すごろく旅行」で1周したこともあるのだが、もちろんコレクションの缶も次々

たまっていく。それが持ち歩けないほどになったので、日本に100缶ぐらい送った。国際郵便は税関の関係で内容物をきちんと書かなければならない。台湾の郵便局のおじさんは「う〜ん」とうなったものの、僕のコレクションの意図はわかってくれたようだ。

　そこにはマジックで大きく「玩具」と書かれていた。

　そんなアジアの缶ドリンク事情とは真逆ともいえるのが、僕のやってる「パスカルズ」のツアーでもよく行くヨーロッパだ。初めて訪れたときにワクワク集めた缶ドリンクは、10年近く経ってもほとんど変らないことのほうが多い。一度決めた定

番デザインを、日本のようにコロコロ変えることはしないのだ。

そう考えると、缶ドリンクからも世界が見える……かもしれない。

海外から空き缶を持ち帰るためにいちばん困るのが帰国の際の空港だ。X線検査の係員が「んんっ!?」という顔でのぞき込み、バッグを開けさせられる。と、そこには大量の空き缶。

「これは何だ!?」

「マイ……マイ・コレクション! カンドリンク・コレクション!」

たいていはニヤリと苦笑されるだけで済むが、ロシアでは、太ったオバさん係員に「ニェット! これは我が国では『ゴミ』という!」と一喝された。

それはわかってる、わかってるんでござんすが、そのゴミがあっしにとっては宝なんでごぜーやす！

ほうほうの体で帰国の便に。空き缶はつぶれやすいので手荷物として機内に持ち込み、そっと座席上の収納棚に入れる。

しかし、飛行機が到着し、降ろそうとする、そのとき……。

ベコベコッ！

僕のバッグの中の空き缶がぶつかって、突如、大きな音を出し、周りからギョッとした目で凝視されるのだ。そして、

「『たま』のランニングの人だっ！」あら、正体までバレちゃった〜。

雪深い建物の側面は窓の位置
がおかしい

「MORETTI」。おっと、
MORETTIしまいそうだ！

「FISCHER」はフラン
ス、アルザス地方の
ビール。僕のバンド
「パスカルズ」がフラン
スツアーをやって
ま〜す

INSTANT PRIZES IN THE LUCKY CAN GIVE AWAY
Raphael Cola
TEENAGE MUTANT NINJA
TURTLES
375ml COLA
Toronja
Naranja
VIGOR SPORT
BEBIDA PARA DEPORTISTAS
370 ml
HENSON
Californiana®
Soursop
Juice Drink
Minuman Sari Buah Sirsak
Produced by
Diproduksi oleh
PT.HENSON MAKMUR
SURABAYA-INDONESIA
POKKA
STRAWBERRY
MILK
DRINK
NET: 8.1 Fl.oz. (240ml)
AUSTRALIAN BEER
CASTLEMAINE
XXXX
EXPORT LAGER
BREWED & CANNED BY
CASTLEMAINE PERKINS
185 MILTON ROAD, BRISBANE AUSTRALIA
375 mL (13.2 FL. OZS)
Frutástica
Mango
Naranja
Piña
280 ml
オシャレなデコボコ缶ですな
Nestlé®
BEAR BRAND
READY TO DRINK MILK
SUSU STERIL

コーラって世界各国にあるんだね。確かに、どれもコーラ味

特別鼎談

空き缶はタイムマシン！

～缶コレの現在、過去、未来～

清水りょうこ（清涼飲料水評論家） × 石川浩司 × 町田 忍（庶民文化研究家）

自称、世界一の空き缶コレクションを誇る石川浩司さん、コレクター界の巨匠で庶民文化研究家の町田忍さん、清涼飲料水のコレクターのみならず評論家としても幅広く活躍する清水りょうこさん。本書の刊行を記念して、いずれも希少なコレクションを有する3人が一堂に会し、夢の鼎談が実現しました。空き缶コレクション界の3巨頭が語る、缶コレの現在、過去、未来とは？

構成／山下あつこ、撮影／永田まさお

――空き缶コレクション(以下、缶コレ)の数では右に出る者なしの石川浩司さん、なんと「日本初の缶ジュース」をお持ちという町田忍さん、飲料関係の記事やコラム執筆など清涼飲料水評論家として活躍する清水りょうこさん。まずは、それぞれの人生の大部分を占めてきたコレクション歴を教えてくださ
い。

石川　今では想像できないかもしれないけれど、子どものころの僕は、旅行なんてとんでもないというほどの虚弱体質。だから、有名な観光地のみならず、日本全国ほとんどの自治体から観光パンフレットを取り寄せて、妄想旅行を楽しんでいたんです。コレクター魂は、そのころ築かれたのかも。大人になって頑丈になってからは、本当の旅が大好きに。昭和60(1985)年ごろからバンドの仕事で地方や海外のツアーに出かけることも多くなって、何か一つ〝こだわり〟を持つことで旅をもっと楽しくしよう、と思ったのが缶コレを始めたきっかけ。今や、「実益を兼ねた趣味」といったところかな(笑)。

町田　僕のコレクター人生の始まりは昭和33(1958)年、小学校2年生のときに買ってもらった板チョコの包み紙から。普段、お菓子を買いに行くのは近所の駄菓子屋さんだけど、チョコレートを売っているのは「お菓子屋さん」。当時、チョコレートは高級品で、遠足など特別な日にしか買ってもらえなかったから、きれいな包み紙は〝捨てるどころか取っておきたい宝物〟でした。それ以来、板チョコの包み紙を集め出し、「明治」と「森永製菓」は発売当時のものから全部持っています。

缶コレ第1号は、昭和29(1954)年に発売された「明治天然オレンジジュース」。日本初の缶ジュースです。当時の缶ジュースは生ジュースより高級なぜいたく品で、幼稚園のときに買ってもらったと記

憶しています。飲んだ後に親父が灰皿代わりに使っていたものが台所の隅に落ちていて、奇跡的に腐食しないで残っていた。でも、僕は人と同じジャンルのコレクションはそれほど熱心にやらないと決めているので、空き缶の保有数はそれほど多くないんです。飲料関係はビンを含めて5000本から6000本くらいかなあ。

清水　十分ありますよ！（笑）。私の場合は、1980年代にサントリーが発売した「もも紅茶」という商品に出会い、そのころからなんとなく気になる飲料の空き缶を少し取っておいたくらい。だから、お二方と比べるとコレクターといえるかどうか。意識的に集め出したのは、ティーン誌でソフトドリンクに関するコラムを書き始めたのをきっかけに「清涼飲料水評論家・清水りょうこ」と名乗り出した平成元（1989）年から。清涼飲料水について取材を受けていると、「今、話題に出た飲み物の缶はありますか？」と聞かれることが多いので、仕方なくとっておくようになりました。だから、集めることが喜びというよりは仕事上、必要に応じて欠けているものがあると埋めるという感じですね。

――「世界に不用のものなし」とは、希代の博物学者・南方熊楠の言葉だそうだが、この3人にかかると、世の中には不用なものどころかお宝があふれていると思えてくる。日本の缶ドリンク史の生き証人（?）でもある3人の話は、形や素材、飲み口の形といった缶の形態の変遷から、飲料業界の移り変わり

に及んで……。

町田　コレクション第1号のオレンジジュースは、缶の上部に小さな穴を2つ開けて飲むタイプで、素材もスチールです。スチール缶は、上下と側面、3つの部品をハンダ付けする原始的な方法でつくるから、ストレートな形しかできないんです。その後、主流になったアルミ缶は、一度に筒状に伸ばせないから5段階くらいで徐々に伸ばしていく。だから、製缶会社によって少しずつ形が違います。そのわずかな違いがまた、コレクター心をくすぐるんですよ(笑)。

清水　以前は商品が同じでも缶の大きさにも違いがありましたよね。かつて東京は細い250ミリリットル缶が主流でしたが、地方では一回り大きな350ミリリットル入りが多かった。「太缶」とか「アメリカンサイズ」と呼んでいました。今は地域によって缶の大きさが変わることはなくなりました。こうして缶にもさまざまな変化がありましたが、飲料業界に変革をもたらしたという点では、なんといってもペットボトルの登場は大きいですね。

石川　僕の持論として、ビンやペットボトルは中身の液体の色まで含めて完成形。ペットボトルの場合、中身を飲み干すと透明になっちゃうでしょ。それだと容器としての持ち味もなくなると思うんだ。だからといって、中身入りのままずっと保存しておくわけにもいかないし……。

町田　わかる、わかる！　その点、空き缶は中身はともかく、それだけで独立した存在感がある。

石川　中身が大事なのは清水さん(一同、笑)。

清水　では少し、中身の変遷をたどりましょうか。私は子どものころからジュースや自動販売機に興味を持っていました。清涼飲料水を自分のテーマにしようと決めた1980年代後半から、目についたものは片っ端から飲んでいます。炭酸飲料は90年代に入ると微炭酸が流行、その後の一時期は、炭酸飲料自体があまり飲まれなくなります。でも10年くらい前からは、エナジードリンクや無糖炭酸水の人気が出て、炭酸飲料が復権。今は強炭酸がブームです。

石川　80年代にウーロン茶が登場したのも、衝撃でした。お茶といえば家で入れて飲むものだったのに、缶で売られるようになった。当初、ウーロン茶は中国のお茶だから特別に缶入りで販売する、という感じがあったのかもしれません。

町田　その後、お茶類の缶ドリンクはあまりに増えすぎたので、僕は手を引きました。種類は相当あるでしょうから、面白味はあると思うんですけれどね。

——ドリンクのジャンルに大革命を起こしたお茶類は、今やすっかり定番に。そして話題は、地域性が豊かに表れる、缶コレならではの面白さへ。

町田　僕が衝撃を受けたのは、関西で見つけた「あめゆ」。関西では縁日に行くと、量り売りでコップに入れて売っているポピュラーな飲み物らしいですね。表が夏用の「ひやしあめ」、裏は冬用に「あめゆ」になっている。

石川　かつて大阪ではさまざまなメーカーが発売していましたから、この本でも「第2章 あなたの郷土缶あるかな?」でさまざまな空き缶を紹介しています(50・51ページ参照)。でも最近は、関西に行って自動販売機をいろいろ見て回っても、2社くらいし

か見当たりません。「あめゆ」に限らず小さな飲料メーカーはどんどん潰れているようで、もはや日本中どこに行っても東京と同じものしか売っていない。

町田　自動販売機も以前はローカルなものを多く見かけたけれど、今は全国同じ大手メーカーのものが主流になってきていますね。

清水　そうですね。昔はちょっと路地に入ると、知らないメーカーの自動販売機が並んでいたのに今はほとんど見かけません。だから私は最近、地方に行くと珍しい商品がありそうな農協の直販所などでマイナーな清涼飲料を探すことが多くなりました。

石川　日本のどこに出かけても、居酒屋や喫茶店が同じチェーン店ばかりになってしまったことと重なりますね。そうはいっても自動販売機には限定商品があるから、見かけるたびに必ずチェックしちゃう（笑）。

清水　そうなんです！　ここ2年ほどの傾向として、大手メーカーも自動販売機限定商品を手がけているんですよ。企業にしてみれば、儲《もう》け率の高い自動販売機で買ってもらえるようにということなんでしょう。

石川　なるほど。僕は、最近の缶ドリンクを見ていると忸怩《じくじ》たる思いになることもあります。例えば都道府県コンプリートものとか、明らかにコレクター向けに限定ものを出している。そういう缶を見ていると、「さあ〜皆さん、集めなさ〜い！」と言われているみたいな気がしてきて、悔しい。「オレが集めたいのは、ほかの人がゴミとして捨てるようなものなんだから！」と。それでも、やっぱり買っちゃうんだけれど（笑）。

――３人の「お宝コレクション」は、日本における飲料業界の足跡を物語る貴重な証拠にもなりそうだ。さて、そんなお宝、集めたらどんなふうに楽しんでいるの？

石川　一時期、「はちみつレモン」がブームになって、いろいろなメーカーが出していました（１２０ページ参照）。僕は中小メーカーの缶を１００缶ほど集めていたのに、段ボール箱に入れておいたら雨漏りにあって、全部ダメになっちゃった。町田さんは半世紀以上も前の空き缶コレクションを、どうやって保存しているんですか？

町田　段ボール箱に入れておいて、さび付かせてしまった失敗の歴史が、僕にもあります。それからは種類ごとにプラスチックのクリアケースに入れて、ときどきメンテナンスしています。特にスチールはケアしないと、さびたり日焼けして色あせたりしちゃうからね。でも、その手入れがまた、楽しいんだよね（笑）。

石川　すごい！　僕は、旅先で新しい缶を発見した瞬間がいちばん楽しいかな。発見のときが最高の喜びの瞬間。

清水　私の場合はあくまでも資料収集なので、町田さんのように愛でる楽しみはないんですよ。旅先での発見ということでは、私もとにかく「見つけたら買う」が基本。コレクション初期のころ、メジャーなメーカーのものは後で買えばいいやと思って、わざ買おうとすると同じものが見つからないという失敗がしばしばあったので。

――清水さんの言葉に、「そう、そう、そうなんだよ！」と身を乗り出して同意する町田さんと石川さん。その姿に、筋金入りのコレクター魂を見る思いがする。さて、３人が考える缶ドリンクと缶コレの

未来とは？

町田　発見の喜び、愛でる喜び、どちらにしても我々3人は、もはや「わびさび」の世界に突入している(笑)。これはもう、知的な遊び方です。

石川　「空き缶はくずかごへ」というパブリックメッセージに反して、捨てられしものたちを僕らは取っておくのだから。でも、多くの人たちにとってはただのゴミが、僕たちにとっては価値あるコレクションですからね。以前、清水さんが清涼飲料水の本を出すときに、僕の缶コレを貸し出したことがありました。清水さんはとても丁寧に扱ってくれたのだけど、もし、運ぶ途中に紛失したらどうなるのかなと思いました。普通、貴重なものなら保険をかけられるけれど、世間一般の空き缶の価値はゼロだものね。

ちょっと変わってきたかなと思うのは、最近になって空き缶もネットオークションでやり取りされたりして、市場が形成されつつあること。あと5～6年したら、すごいことになっているかもしれないよ(笑)。

町田　すでに数千～数万円の値段が付いている空き缶もありますよね。

石川　そう考えるとかなりの財産だから、お金に困ったら1本ずつ売ればいいのかも(笑)。僕はほぼ毎日、缶ドリンクを飲むんですが、それでも間に合わないくらい新製品が出てくる。缶コレはまだまだ増えますよ。

清水　最近は、ペットボトルより遮光性があって、キャップで蓋ができるボトル缶も増えていますね。

石川　これからも缶ドリンクが残るならその形だろうね。ペットボトルが多くなったいちばんの理由は、途中で飲むのをやめたいけれど、缶だとそのまま持って歩くのが不便だったことだと思うから。

町田　スチール缶も、重いのでどんどんなくなっていますね。地方に行くと、廃村になった地域のゴミ置き場に、空き缶が山になっている〝缶塚〟がある。そこから古い空き缶が出てくるんですよ。

石川　〝缶塚〟か、いいなあ。これからどんどんペットボトルに移行するとしたら、人類のこの長い歴史の中で、缶ドリンクというものが１００年間だけあった、ということも考えられるよね。何千年か経って地層を調べたときに空き缶が見つかれば、その時代は20世紀から21世紀にかけてという証拠になるかも。いや、もしかしたら、今、アナログレコードが若者の間で復活しているみたいに、１００年後の若者は、ペットボトルより缶ドリンクのほうがかっこいいと思うかもしれないね。

町田・清水　だから、やっぱり缶コレはやめられない(笑)。

町田 忍（まちだ・しのぶ）
１９５０年東京都生まれ。庶民文化研究家。警視庁勤務などを経て、少年時代から収集し続けている商品や各種パッケージなどの風俗意匠を研究するために「庶民文化研究所」を設立。著書に『最後の銭湯絵師』（草隆社）、『戦後新聞広告図鑑』（東海教育研究所）など。

清水りょうこ（しみず・りょうこ）
１９６４年東京都生まれ。80年代から「清涼飲料水評論家」として、飲料関係の記事やコラムを執筆。また、各種メディアにも登場。著書に『懐かしの地サイダー』（有峰書店新社）、『日本懐かしジュース大全』（辰巳出版）など。東京都青梅市にある「昭和レトロ商品博物館」缶長。

おわりに

僕の仕事のメインはライブやレコーディングで、それはほぼ東京。でも僕は埼玉県に住んでいる。

理由は簡単だ。たくさんの空き缶を収納するためには、そこそこ広い一軒家が必要。しかるに、都内の一軒家だとビンボーミュージシャンには家賃がきつい。そこで、結婚以来ずっと家賃の安い埼玉で一軒家を借り、空き缶を保管しているのだ。

ちなみに、妻よりも空き缶の方が先に僕の元にきているので、「僕と一緒になるということは、このたくさんの缶が子どもとしてついてくることだよ」と、納得してもらって結婚している。つまり、空き缶は僕のものすごい数の連れ子だ。

僕の老後の夢は、常設展示できる空き缶博物館を作ること。なぜなら、現在は物置にギュウギュウに缶が詰められていて、それを一堂に見るには広いスペースが必要で、大型トラックを借りて体育館にでも並べないと見られない。つまり自分でもその全貌を見たことがないからだ。

実はこの本もそういう理由で、僕の3万缶にも及ぶコレクションすべてを吟味して選んだのではなく、無作為に選んだ一部からセレクトしたもの。なのでここに掲載できなかった缶の中にも、まだお宝が眠っている可能性は十分にある。

誰にでも身近にあった缶ドリンク。

「あぁ、これ飲んだことある!」

「へぇ~こんなのも売られてたんだ」

「えっ？　これ全部、一人で飲んだの!?　バカだねー」

と、来場者にあきれられて笑いが起きるような博物館なら本望だ。

誰か、マジで僕と組んで作りませんか？　連絡待ってます！

最後に、本づくりの苦楽をともにした「かもめの本棚」編集部の皆さんにお礼を言いたい。

思えば、いちばん大変だったのは編集作業の前だった。彼らは何度も僕の家まで来て、僕が夜なべで物置から運び出した大量の空き缶の山から一緒に「これだ！」という空き缶を選別しては箱詰めにし、出版社に送った。そして何十年も眠っていたのでベッタリついた空き缶のホコリを取り、撮影のために雑巾で1缶ずつピカピカに磨く作業を繰り返した。さらに写真掲載の許可を得るため、例えばキャラクター缶だと飲料メーカー、原作者、アニメ会社など、その缶にかかわった関係者に連絡して許諾をもらうという膨大な作業をしてくれた。

そんな気の遠くなるような手間にいそしむ姿は、童話に出てくる小人がいたらこんなじゃないか、と僕に思わせた。

本当にお疲れさん。ありがとう。

さて、この本が出版されてひと息ついたら、桜の見ごろ。今年出た新しいデザインの缶ビールでも持って、お花見で乾杯でもしよう。

……おっと、飲み終わったその空き缶は宝物だ。決して捨てることはならねえぞっ！

石川浩司

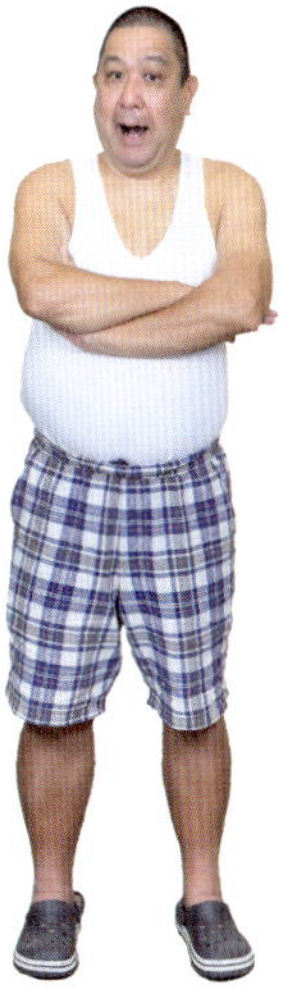

【著者プロフィール】

石川浩司（いしかわ・こうじ）

1961年東京都で逆子生まれ。バンド「たま」にてランニング姿でパーカッションとボーカルを担当。90年に『さよなら人類』でメジャーデビューし、オリコンシングルチャート初登場1位となり、日本レコード大賞最優秀新人賞などを受賞。同年、第41回NHK紅白歌合戦に初出場を果たした。2003年の解散後は、ソロで「出前ライブ」などの弾き語りや、バンド「ホルモン鉄道」「パスカルズ」のメンバーとして国内外で活動中。俳優や声優として映画などにも出演する。『すごろく旅行日和―だれもしらない観光地を歩こう！』（メディアファクトリー）や『「たま」という船に乗っていた』（ぴあ）など著作も多数。

公式ブログ「石川浩司のひとりでアッハッハー」
http://ukyup.sr44.info/

この本は、WEBマガジン『かもめの本棚』に連載した「石川浩司の缶コレランニング」を加筆してまとめたものです

石川浩司のお宝コレクション
懐かしの空き缶大図鑑

2019年3月16日　第1刷発行

著　者	石川浩司
発行者	原田邦彦
発行所	東海教育研究所
	〒160-0023 東京都新宿区西新宿7-4-3 升本ビル
	電話 03-3227-3700　FAX 03-3227-3701
	eigyo@tokaiedu.co.jp
印刷・製本	株式会社シナノパブリッシングプレス
装丁組版	鹿嶋貴彦
編集協力	井手ますほ

©KOJI ISHIKAWA2019／Printed in Japan
ISBN978-4-924523-02-9　C0077

乱丁・落丁の場合はお取り替えいたします。定価はカバーに表示してあります。

JCOPY ＜出版者著作権管理機構 委託出版物＞

本書の無断複製は著作権法上での例外を除き禁じられています。複製される場合は、そのつど事前に、出版者著作権管理機構（電話03-5244-5088、FAX03-5244-5089、e-mail:info@jcopy.or.jp）の許諾を得てください。

かもめの本棚

WEB連載から生まれた本

東京おいしい老舗散歩

気軽に入れる老舗と下町散歩の楽しみ

安原眞琴 著　四六判・並製　208ページ　定価(本体1,800円+税)

ISBN978-4-486-03910-5

江戸文化研究者の著者が、東京の老舗12店と、四季折々の路地裏歩きが楽しめる12の散歩コースを紹介。これを読めば、あなたも東京の町歩き通に！

わが家の漢方百科

家庭の漢方医学決定版！

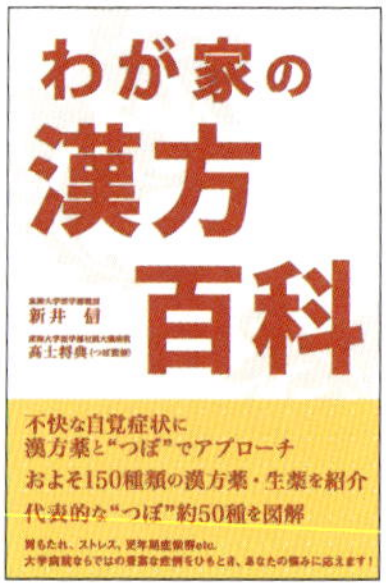

新井信 著　四六判・並製　368ページ　定価(本体3,200円+税)

ISBN978-4-486-03901-3

大学病院ならではの豊富な臨床例を用いて、約150種類の漢方薬・生薬の処方と、およそ50種の"つぼ"を紹介。あなたを悩ます不快な症状にアプローチする。

世界まるごとギョーザの旅

驚きと発見に満ちたギョーザ探訪記

久保えーじ 著　四六判・並製　256ページ　定価(本体1,800円+税)

ISBN978-4-486-03902-0

国が変われば名前や具材、包み方も変わる！　旅先で出会った感動の味を再現して提供する「旅の食堂ととら亭」のオーナー夫婦がギョーザを求めて世界へ。

ビートルズのデザイン地図

アルバムジャケットからたどる4人の奇跡

石塚耕一 著　四六判・並製　168ページ　定価(本体1,850円+税)

ISBN978-4-486-03800-9

13枚の公式アルバムのジャケットデザインに焦点を当て、メンバー4人がファンに向けて発信したメッセージや芸術作品としての価値を読み解く。

公式サイト・公式SNS　かもめの本棚